Virendra Kumar Painkra
M.A. Khan
M.L. Sharma

Défice tecnológico na produção de grama preta entre os agricultores tribais

Virendra Kumar Painkra
M.A. Khan
M.L. Sharma

Défice tecnológico na produção de grama preta entre os agricultores tribais

ScienciaScripts

Imprint

Cover image: www.ingimage.com

This book is a translation from the original published under ISBN 978-3-659-87116-0.

Publisher:
Sciencia Scripts
is a trademark of
Dodo Books Indian Ocean Ltd. and OmniScriptum S.R.L publishing group

120 High Road, East Finchley, London, N2 9ED, United Kingdom
Str. Armeneasca 28/1, office 1, Chisinau MD-2012, Republic of Moldova, Europe
Managing Directors: Ieva Konstantinova, Victoria Ursu
info@omniscriptum.com

Printed at: see last page
ISBN: 978-620-8-53324-3

AGRADECIMENTOS

Estou muito grato a todos os inquiridos e às suas famílias que me ajudaram a fornecer as informações necessárias para o presente estudo. Um agradecimento especial ao Dr. Manoj Kumar Jhariya (professor assistente, Universidade de Surguja), ao Shri Hemant Kumar Patra (professor assistente, SGCARS, Jagdalpur), que sempre me motivou e orientou para a publicação, ao Raviraj Singh Patel, que me ajudou na edição, e à publicação académica LAMBERT, que publicou a minha investigação de mestrado.

De facto, as palavras são inadequadas, quer na forma quer no espírito, para transmitir o meu profundo sentimento de gratidão e apreço aos meus pais Shri C.S. Painkra, Smt. Mangeshwari Painkra, C.R. Ram e Late Smt. Newair Painkra (a minha mãe), Bigeshwari, Luvraj & Kushraj (os meus adoráveis irmãos), Monika, Amita, Pramila, Neha, Mamta (as minhas adoráveis irmãs), Manisha Kanwar e a todos os membros da família pelo seu amor, sacrifício e bênçãos para os meus objectivos educativos.

Virendra Kumar Painkra

Departamento de Extensão Agrícola
Escola Superior de Agricultura, IGKV
Raipur (C.G.), Índia

ÍNDICE DE CONTEÚDOS:

CAPÍTULO 1

INTRODUÇÃO

A agricultura é um sector importante da economia indiana, representando 14% do PIB do país, cerca de 11% das suas exportações, cerca de metade da população ainda depende da agricultura como principal fonte de rendimento e é uma fonte de matérias-primas para um grande número de indústrias. A agricultura, com os seus sectores aliados, é indiscutivelmente o maior fornecedor de meios de subsistência na Índia. Os investimentos constantes no desenvolvimento tecnológico, as infra-estruturas de irrigação, a ênfase nas práticas agrícolas modernas e a concessão de crédito e subsídios agrícolas são os principais factores que contribuíram para o crescimento da agricultura (Tomar et al. 2012)

Embora a Índia seja o maior produtor mundial de leguminosas, continua a importar uma grande quantidade de leguminosas para satisfazer as crescentes necessidades internas. Durante g 2009-10, a Índia importou 3,5 milhões de toneladas de leguminosas de países como a Austrália, o Canadá e Myanmar. Assim, a Índia é o maior importador, produtor e consumidor de leguminosas. Por outro lado, a Índia é também o maior processador de leguminosas, uma vez que os países exportadores de leguminosas como Myanmar, Canadá e Austrália não dispõem de instalações adequadas de processamento de leguminosas. (FAOSTAT 2010)

As leguminosas são culturas únicas, uma vez que possuem um mecanismo incorporado para fixar o azoto atmosférico nos seus nódulos radiculares. São também ricas em proteínas e adaptam-se bem a vários sistemas de cultivo. A Índia cultiva uma variedade de leguminosas que nenhum país do mundo cultiva. Os esforços crescentes para produzir mais alimentos resultaram num aumento da enorme mudança nos sistemas de cultivo de cereais-pulses para cereais-cereais. Este facto marginalizou a área e a produção de leguminosas, resultando numa degradação qualitativa da base produtiva, da terra e dos recursos agrícolas. Em termos de produção e de valor económico, as leguminosas secas são uma componente da economia agrícola indiana que só fica atrás dos cereais alimentares. A Índia é o maior produtor e consumidor de leguminosas do mundo, representando cerca de 25% da produção mundial, 27% do consumo e 34% da utilização alimentar (FAO). Além disso, a produção na Índia tem registado grandes flutuações, o que levou a um declínio constante da disponibilidade per capita nos últimos 20 anos (Singh et al. 2013). Assim, existe um desafio para os cientistas agrícolas, os extensionistas, os planeadores e a comunidade agrícola no sentido de aumentar e manter a produtividade das leguminosas e diversificar os seus sistemas de cultivo para satisfazer as necessidades nacionais de leguminosas. As leguminosas, sendo ricas em proteínas de qualidade, minerais e vitaminas, são ingredientes inseparáveis da dieta da maioria da população indiana. Apesar do elevado valor nutritivo das leguminosas e do seu papel numa agricultura sustentável, não foi possível registar uma taxa de crescimento desejada da produção. A produção nacional de leguminosas secas está constantemente abaixo dos objectivos, o que exige uma atenção imediata, uma vez que as leguminosas secas são as principais fontes de proteínas para a maioria da população vegetariana do país.

A grama preta, também conhecida como "urd" (Vigna mungo), pertence à família Fabaceae (Leguminoceae), originária da Índia. A urd é uma importante leguminosa alimentar amplamente consumida na Índia. É uma das leguminosas mais cultivadas no país. É cultivada numa área de cerca de 30 lakh ha, com uma produção de cerca de 13 lakh toneladas e uma produtividade média de cerca de 0,4 t/ha. A grama preta é cultivada principalmente no subcontinente indiano. A lentilha preta não é mais do que a grama preta dividida e, depois de removida a pele preta, é vendida como lentilha branca. Na Índia, a grama preta é popular como "Ụrad dal" e é uma leguminosa muito apreciada entre todas as leguminosas. A grama preta, também conhecida como urdbean, mash, black maple, etc., é uma importante cultura de leguminosas de curta duração cultivada em muitas partes da Índia. Esta cultura é cultivada em sistemas de cultivo como cultura mista, cultura intercalar, cultura sequencial, além de ser cultivada como cultura única em condições de humidade residual após a colheita do arroz e também antes e depois da colheita de outras culturas de verão em condições de semi-irrigação e de sequeiro. As suas sementes são altamente nutritivas, com proteínas (25-26%), hidratos de carbono (60%), gordura (1,5%), minerais, aminoácidos e vitaminas. As sementes são utilizadas na preparação de muitos pratos indianos populares. É um dos componentes mais importantes na preparação de pratos famosos do sul da Índia, por exemplo, dosa, idli, vada, etc. Além disso, acrescenta cerca de 42 kg de azoto por hectare

ao solo. É também valorizada como cultura de adubo verde. Os seus caules secos, juntamente com a casca da vagem, constituem uma forragem nutritiva, especialmente para o gado leiteiro. A grama-preta possui um sistema radicular profundo, que aglutina as partículas do solo, evitando assim a sua erosão. (Singh et al. 2013)
O Estado de Chhattisgarh tem uma área geográfica de 137,90 lakh ha, 35% da qual é área semeada líquida e 63,5% da área total está ocupada por florestas. A precipitação média anual é de 1325 mm e, sendo uma zona de precipitação elevada, o Estado tem mais de 20% da área na categoria de solos ácidos. A deficiência de zinco e boro é predominante. Foi detectada uma deficiência de enxofre na área de cultivo de leguminosas. Cerca de 27% da área é irrigada. A topografia ondulante é um dos aspectos que condiciona a irrigação e a gestão dos nutrientes. O sector agrícola e afins contribui em cerca de 20% para o PIB do Estado. Chhattisgarh conta com 2% da população da Índia, dos quais 20% vivem em zonas urbanas e os restantes 80% em zonas rurais. A população está principalmente concentrada na região das planícies centrais. Do total da população de 20,83 milhões de habitantes, 43,4% representam tribos e castas catalogadas, vivendo maioritariamente nas zonas florestais próximas, no norte e no sul do Estado. (www.cii.in)
Em Chhattisgarh, a grama preta é cultivada numa área de 1,78 lakh ha com uma produção de 73,51 mil toneladas no ano de 2011 (Agridept.cg.gov.in). O distrito de Jashpur tem uma área de 14,42 mil hectares de grama preta, com uma produção de 5,11 mil toneladas métricas. A produtividade média da grama preta no estado é de apenas 0,41 t/ha, o que está muito aquém do potencial e do nível desejado. Por conseguinte, é importante para a melhoria dos agricultores em geral e dos agricultores tribais em particular aumentar a sua produtividade de forma sustentável. Para o efeito, surgem várias limitações tecnológicas. O estudo preocupa-se, por conseguinte, com a avaliação dessas lacunas tecnológicas na produção de grama preta, em particular entre os agricultores tribais, e os resultados lançarão luz sobre estes aspectos para enfrentar os desafios no Estado e também no distrito de Jashpur. Os blocos de Pharsabahar, Bagicha e Jashpur do distrito são áreas potenciais para a produção de grama preta. Foram envidados vários esforços para aumentar a produção agrícola na Índia e os estudos subsequentes realizados revelaram que existe um grande fosso entre as recomendações tecnológicas e as adoptadas pelos agricultores. Uma das principais razões pode ser a fraca afetação de recursos para a maioria das leguminosas, bem como para o cultivo de grama preta no Estado. Espera-se que um maior conhecimento da informação técnica sobre as práticas melhoradas conduza a um maior nível de adoção. É provável que os agricultores com melhores conhecimentos sobre práticas melhoradas tenham um nível mais elevado de adoção das práticas recomendadas. A componente "conhecimentos" é, por conseguinte, incluída no presente inquérito. Mesmo na Índia, alguns estudos também apoiaram esta hipótese (Moulik, 1968). Hoje em dia, no país, também se verifica que os benefícios das novas tecnologias agrícolas se destinam sobretudo à secção abastada da comunidade agrícola. Os extensionistas do estado recomendaram o pacote de práticas da cultura da grama preta, o nosso objetivo é avaliar se os produtores de grama preta fazem uso de descobertas científicas que os podem levar a ter mais rendimento. Espera-se também identificar os problemas específicos devido aos quais não foi possível uma adoção mais rápida da tecnologia, bem como os factores que necessitam de maior ênfase para que os produtores de grama preta aumentem a produção e obtenham o máximo lucro líquido. Investigações anteriores mostraram que a maioria dos agricultores, e especialmente os agricultores tribais, ainda estão atrasados na adoção de tecnologias modernas. Este facto deve preocupar seriamente os responsáveis pelo planeamento, os decisores políticos, os cientistas agrícolas e os extensionistas. Por conseguinte, é necessário avaliar a lacuna tecnológica na produção e também conhecer os problemas ou constrangimentos na adoção de tecnologias modernas de produção de grama preta. Tendo isto em conta, a presente investigação, intitulada "Avaliação da lacuna tecnológica na produção de grama preta entre os agricultores tribais do distrito de Jashpur (Chhattisgarh)", foi concebida com os seguintes objectivos específicos

1. Estudar o perfil socioeconómico dos agricultores tribais produtores de grama preta,
2. Medir o nível de conhecimentos dos agricultores tribais sobre as práticas de cultivo da grama preta,
3. Estudar a extensão da lacuna tecnológica na adoção das práticas recomendadas para o cultivo da grama preta,
4. Identificar os constrangimentos enfrentados pelos agricultores tribais e obter as suas sugestões para ultrapassar os constrangimentos no cultivo da grama preta.

Importância do estudo

Os quarteirões de Pharsabahar, Bagicha e Jashpur do distrito de Jashpur adquiriram uma identidade em nome da produção de grama preta. Estes blocos têm a área máxima de cultivo de grama preta no distrito. É um facto bem estabelecido que as tecnologias agrícolas modernas podem desempenhar um papel significativo no aumento da produção e da produtividade da cultura. A aceitação de práticas agrícolas melhoradas conduz certamente ao desenvolvimento agrícola que, em última análise, resulta na melhoria do estatuto socioeconómico e do nível de vida da comunidade agrícola. Os resultados do estudo não só serão úteis para conhecer o nível de conhecimento e de adoção da tecnologia de produção recomendada para a grama preta, mas também para decidir a solução e as sugestões para ultrapassar os constrangimentos sentidos pelos agricultores durante a adoção do pacote recomendado de práticas de cultivo da grama preta. As conclusões do estudo também poderão fornecer a base de uma estratégia de planeamento para aumentar o nível de adoção da tecnologia de produção recomendada para a grama preta.

Limitações do estudo

Podem existir factores associados à necessidade de os agricultores adoptarem a tecnologia de produção de grama preta. Podem ser classificados em diferentes tipos, como as caraterísticas socioeconómicas dos agricultores. A inclusão de todos esses factores neste estudo não foi possível devido a limitações óbvias de dinheiro, tempo e outros recursos inadequados com que um estudante normalmente se depara. A limitação de tempo constituiu uma barreira para aprofundar outras dimensões da investigação. No entanto, a seleção das variáveis foi feita com muito cuidado e ponderação. Assim, todos os objectivos foram bem cumpridos,
O presente inquérito foi, por conseguinte, efectuado com base num conjunto de limitações físicas e funcionais a seguir referidas:

1. Só foram selecionadas para o estudo algumas práticas melhoradas da tecnologia de produção de grama preta, que se supunha terem mais relação com o rendimento elevado.
2. O estudo baseou-se em grande medida nas respostas dos agricultores e na sua memória.
3. Muitas vezes, mostraram-se relutantes em fornecer informações precisas, mas foram abordados através do estabelecimento de uma relação aprofundada com eles.
4. O estudo baseou-se parcialmente em estatísticas oficiais disponíveis em diferentes publicações do Governo. É desnecessário referir o desfasamento temporal na publicação das estatísticas oficiais. No entanto, foram utilizadas as estatísticas mais recentes disponíveis.
5. Foram utilizadas algumas escalas, medidas e testes, mas devido às variações dos agricultores, das suas condições de vida e dos seus locais, a administração das escalas, etc., teve de ser feita com pequenas alterações para garantir resultados mais fiáveis e eficazes.

Esquema do estudo

O presente estudo foi apresentado em vários capítulos. O primeiro capítulo é dedicado à introdução, que foi apresentada de forma sucinta. No segundo capítulo, foi efectuada uma revisão exaustiva da literatura. O terceiro capítulo trata dos métodos e técnicas de investigação utilizados no estudo, bem como da análise e interpretação dos dados. As principais conclusões e a discussão adequada dos resultados foram incorporadas no quarto capítulo. No quinto capítulo, são discutidas as conclusões e as implicações. A literatura relevante consultada e citada no corpo da apresentação foi incluída nas referências logo após o resumo e a conclusão. No final da dissertação, o programa de entrevistas estruturado foi apresentado em "Anexo".

CAPÍTULO 2

REVISÃO DA LITERATURA

A revisão da literatura foi efectuada tendo em conta as variáveis do estudo. Foi bastante difícil encontrar estudos de investigação adequados relacionados exclusivamente com as práticas recomendadas para a cultura da grama preta. Através da revisão, o investigador fica a conhecer os métodos, procedimentos e técnicas, bem como os resultados de estudos anteriores. Fornece pistas e orientações ao longo do processo de investigação. Foram feitos esforços constantes para compilar os resultados dos estudos de investigação com caraterísticas mais ou menos semelhantes. Por conseguinte, os estudos relativos a outras culturas foram igualmente analisados e apresentados, abrangendo todos os aspectos da investigação de forma exaustiva, nas seguintes rubricas;

1. Estudar o perfil socioeconómico dos agricultores tribais produtores de grama preta,
2. Medir o nível de conhecimentos dos agricultores tribais sobre as práticas de cultivo da grama preta,
3. Estudar a extensão da lacuna tecnológica na adoção das práticas recomendadas para o cultivo da grama preta,
4. Identificar os constrangimentos enfrentados pelos agricultores tribais e obter as suas sugestões para ultrapassar os constrangimentos no cultivo da grama preta.

2.1. O perfil socioeconómico dos agricultores tribais produtores de grama preta

2.1.1. Idade

Saxena (2003) revelou que a maioria dos inquiridos, ou seja, 45,83% pertenciam a um grupo etário jovem, 44,44% eram de meia-idade e 9,72% pertenciam a um grupo etário mais velho. Isto indica que a maioria dos agricultores (jovens e de meia-idade) tinha mais interesse em aprender e adotar a tecnologia de produção de tomate, em comparação com os produtores de tomate de idade avançada.

Tiwari et al. (2007) revelaram que, do total de produtores de ervilhas, 31,70% pertenciam ao grupo etário jovem, 46,35% ao grupo etário médio e 21,95% ao grupo etário idoso.

Patel (2008) Observa-se que a maioria dos inquiridos (72,00%) pertencia ao grupo etário médio (36 a 55 anos), cerca de 18,00 por cento dos inquiridos eram do grupo etário jovem (até 35 anos) e 10,00 por cento dos inquiridos eram do grupo etário idoso (mais de 55 anos). Assim, pode concluir-se que a maioria dos produtores de soja pertencia ao grupo etário médio (36 a 55 anos).

Swain e Sangram singh (2009) revelaram que o nível de adoção está relacionado com o grupo etário. Na aldeia progressiva, a percentagem mais elevada de adoção é observada nos jovens agricultores (49,90%), seguidos dos agricultores de meia-idade, enquanto a adoção é baixa. Uma tendência semelhante de comportamento de adoção é também observada na aldeia não progressiva.

Jangid et al. (2010) revelaram que a idade estava associada de forma não significativa às necessidades de formação dos produtores de ervilha sobre a tecnologia de produção de ervilha melhorada. Isto significa que a idade não exerceu um efeito significativo sobre as necessidades de formação em tecnologia de produção de ervilha.

Naruka et al. (2010) revelaram que a idade estava positiva e significativamente relacionada com a lacuna tecnológica na tecnologia de produção de soja recomendada.

Bhilawade et al. (2012) revelaram que o grupo etário mais jovem de agricultores 31,50% dos agricultores tinha um elevado nível de utilização de fontes de informação. Enquanto o grupo etário mais velho de agricultores tinha 24,39% de nível de utilização de fontes de informação para informação de mercado.

Kumar e Rathod (2013) realizaram um estudo sobre o comportamento de adoção dos agricultores em relação à tecnologia recomendada para a soja e observaram que os inquiridos se distribuíam muito pouco entre as categorias de idade média (36,00%), jovem (33,33%) e idosa (30,67%).

Deshmukh e Deshmukh (2013) revelaram que a maioria dos inquiridos se encontrava na categoria de idade média (54%), na categoria de idade avançada (24,66%) e na categoria de idade jovem (21,33%). A idade foi associada de forma não significativa ao nível de restrições.

2.1.2. Educação

Tiwari et al. (2007) revelaram que, do total de produtores de ervilha, 17,07% eram analfabetos, 13,42% dos produtores de ervilha tinham recebido educação até ao nível primário, 13,42% até ao nível médio, 56,09% até ao ensino secundário e superior.

Swain e Sangramsingh (2009) revelaram que o comportamento de adoção de alto nível foi observado no nível mais elevado de educação, ou seja, no ensino médio (70%) e no ensino superior (100%), o nível mais elevado de adoção de nível médio com os agricultores que sabem ler e escrever apenas e o nível primário e o nível mais baixo de adoção com os agricultores analfabetos, tanto na aldeia progressiva como na não progressiva.

Naruka et al. (2010) revelaram que a lacuna tecnológica de todas as categorias de inquiridos estava significativamente relacionada com o nível de educação.

Jangid et al. (2010) revelaram que a educação estava positiva e significativamente associada às necessidades de formação dos produtores de ervilhas sobre a tecnologia de produção de ervilhas melhorada. Isto significa que a educação exerceu um efeito altamente significativo nas necessidades de formação dos produtores de ervilhas sobre a tecnologia de produção melhorada de ervilhas.

Singh e Chauhan (2010) revelaram que a educação e o contacto com a extensão tinham uma relação positiva e significativa com a adoção.

Khuspe e Kadam (2012) revelaram que 55,01% dos inquiridos possuíam habilitações literárias até ao nível do ensino secundário, seguidos de 18,33% de analfabetos e 14,16% de habilitações literárias até ao nível do ensino primário, enquanto 7,50% e 5% dos inquiridos possuíam habilitações literárias até ao nível do ensino superior.

Singh et al. (2012) verificaram que existe uma associação altamente significativa entre o nível de conhecimentos e o grau de adoção por parte dos produtores de feijão-traça com habilitações literárias.

Kumar e Rathod (2013) revelaram que 6,00 por cento dos inquiridos eram analfabetos e os restantes eram alfabetizados. Dos alfabetizados, 32,00 por cento tinham o ensino secundário, 21,33 por cento o nível universitário e 18,67 por cento dos inquiridos tinham o ensino médio. As habilitações literárias foram altamente significativas para o conhecimento, a atitude e a adoção da tecnologia recomendada para a soja.

Deshmukh e Deshmukh (2013) revelaram que a maioria dos inquiridos possuía um nível de ensino médio (62%), seguido de um nível de ensino superior (24%) e de analfabetos e do ensino primário (14%). As habilitações literárias estavam significativamente associadas ao nível de constrangimentos.

2.1.3. Tamanho da família

Swain e Sangramsingh (2009) revelaram que dez e mais membros estão no nível mais alto de adoção, seguidos por famílias com cinco a nove membros. No nível médio de adoção, as famílias com até quatro membros são as mais altas. Essa categoria também é observada em maior número no comportamento de baixa adoção. Mas na aldeia não-progressiva, as famílias com cinco a nove membros apenas se encontram no nível elevado de comportamento de adoção e no nível médio as famílias com dez ou mais membros são as que se encontram no máximo. A maior adoção nas famílias com mais membros pode dever-se ao facto de as famílias numerosas poderem estar em melhor posição para planear a sua economia e utilizar os recursos humanos de uma forma vantajosa, o que as motiva a adotar inovações agrícolas.

Naruka et al. (2010) revelaram que a dimensão da família é negativamente significativa em relação ao fosso tecnológico.

Singh e Chauhan (2010) revelaram que a dimensão da família dos pequenos e grandes agricultores não estava correlacionada de forma significativa com a adoção de tecnologias de produção de feijão-mungo.

Singh (2011) revelou que a correlação de variáveis como a dimensão das famílias dos agricultores com a adoção não era significativa.

Kumar e Rathod (2013) revelaram que a maioria dos inquiridos (60,67%) pertencia a uma família de dimensão média, ou seja, de 4 a 9 membros, seguida de 24,66% de inquiridos na categoria de família de grande dimensão.

2.1.4. Participação social

Shakhya et al. (2008) revelaram que a participação social estava positiva e significativamente relacionada com o conhecimento sobre a tecnologia de produção de grão-de-bico (significativo a um nível de probabilidade de

0,01), com a contribuição percentual da participação social (2,17%)

Kumar et al. (2010) revelaram que 20 por cento dos inquiridos eram membros de organizações sociais como as instituições Panchayati Raj e o comité de educação da aldeia.

Naruka et al. (2010) observaram que, no caso dos grandes agricultores, as variáveis independentes representavam conjuntamente 73,75 por cento da variação na lacuna tecnológica global nas práticas recomendadas de cultivo de soja. No caso dos pequenos agricultores, as variáveis independentes selecionadas (por exemplo, a participação social) foram responsáveis, em conjunto, por 47,87% da variação na lacuna tecnológica global na tecnologia de produção de soja recomendada. No caso dos agricultores marginais, as variáveis selecionadas representaram, em conjunto, 72,69% da variação na diferença tecnológica global na tecnologia de produção de soja recomendada.

Singh e Chauhan (2010) constataram que a participação social dos agricultores estava correlacionada de forma positiva e significativa com a adoção da produção de feijão-mungo.

Khuspe e Kadam (2012) observaram que 57,5% dos inquiridos tinham um nível médio de participação social, seguido de um nível baixo de participação social (20,83%). Enquanto 13,33% dos inquiridos tinham um nível elevado de participação social, a participação social tem uma relação negativa e negativa e significativa com a diferença de adoção a um nível de probabilidade de 0,01%.

Singh et al. (2012) observaram que a participação social tem uma associação altamente significativa com o nível de conhecimento e a extensão da adoção por parte dos produtores de feijão-da-índia.

Deshmukh e Deshmukh (2013) constataram que a participação social está significativamente associada a constrangimentos na produção e comercialização de soja.

2.1.5. Participação na extensão

Tiwari et al. (2007) constataram que a maioria (54,88%) dos produtores de ervilhas tinha uma participação reduzida na extensão e 34,14% tinham uma participação média, enquanto 10,98% dos produtores de ervilhas tinham uma participação elevada na extensão. A participação na extensão mostra uma associação positiva e significativa com o nível de adoção dos agricultores.

Shakya et al. (2008) revelaram que a participação na extensão está positiva e significativamente relacionada com os conhecimentos sobre a tecnologia de produção de grão-de-bico.

Jangid et al. (2010) revelaram que a participação na extensão estava positiva e significativamente associada às necessidades de formação dos produtores de ervilhas sobre tecnologias melhoradas de produção de ervilhas. Isto significa que a participação dos produtores de ervilha na extensão exerce uma influência muito significativa nas necessidades de formação dos produtores de ervilha sobre a tecnologia de produção melhorada de ervilha.

Singh et al. (2012) revelaram que a participação na extensão tem uma associação significativa com o nível de conhecimento e a extensão da adoção por parte dos produtores de fava-da-índia.

2.1.6. Experiência agrícola

Saxena (2003) observou que a maioria dos inquiridos (51,38%) tinha 11 a 20 anos de experiência na cultura do tomate, ao passo que 41,66% dos inquiridos tinham até 10 anos de experiência na cultura do tomate e apenas 6,94% dos inquiridos tinham mais de 20 anos de experiência na cultura do tomate, sendo as categorias de experiência baixa e alta.

Singh (2011) revelou que as experiências agrícolas dos agricultores com a adoção de tecnologia de produção de feijão-mungo não eram significativas.

Kumar e Rathod (2013) revelaram que cerca de 62% dos inquiridos tinham uma experiência agrícola média (8-13 anos), seguidos pelos inquiridos (25,33%) com uma experiência elevada, estando a experiência agrícola significativamente correlacionada com os conhecimentos e a adoção a um nível de probabilidade de 0,01.

2.1.7. Ocupação

Patel (2008) observou que o número máximo de inquiridos (52,00%) se dedicava à agricultura, seguido da agricultura + trabalho (14,00%), agricultura + serviços (12,66%), agricultura + criação de animais + serviços

(7,34%), agricultura + outros (8,00%) e agricultura + ocupação + serviços (6,00%), respetivamente, como ocupação principal. Verificou-se que as ocupações não têm uma relação significativa e negativa com a diferença tecnológica.

Naruka et al. (2010) revelaram que a lacuna tecnológica de todas as categorias de inquiridos estava negativa e significativamente relacionada com as variáveis independentes, ou seja, nível de conhecimento, educação, participação social, ocupação, etc.

Singh (2011) revelou que, de dezasseis variáveis, duas variáveis, ou seja, ocupação e conhecimentos, estavam positiva e significativamente correlacionadas com a adoção da tecnologia de produção de feijão mungo.

Sahu (2013) revelou que apenas 6 variáveis, ou seja, a ocupação, se revelaram positivas e significativamente correlacionadas, ao nível de probabilidade de 0,05, com a produtividade do tomate e o tempo de colheita e o nível de conhecimento da tecnologia de produção do tomate se revelaram positivos e altamente correlacionados, ao nível de probabilidade de 0,01, com a produtividade do tomate.

2.1.8. Exploração de terras

Shakhya et al. (2008) revelaram que os factores socioeconómicos, de comunicação e psicológicos tinham uma relação positiva significativa com o nível de conhecimentos dos produtores de grão-de-bico, exceto a idade, a propriedade fundiária e a mecanização agrícola.

Swain e Sangramsingh (2009) revelaram que, nas aldeias progressistas, os agricultores com propriedades fundiárias entre 4,5 e 5 acres têm, na sua maioria, um elevado nível de comportamento de adoção. O nível médio de comportamento de adoção é mais elevado entre os agricultores com terras de 2,5 a 3,5 acres. Mas nas aldeias não progressivas, o comportamento de baixa adoção é mais elevado entre os agricultores com 2,5 a 3,5 acres de terra, da mesma forma que os agricultores totalmente dependentes da terra são observados no nível máximo de comportamento de adoção, tanto nas aldeias progressivas como nas não progressivas.

Singh e Chauhan (2010) revelaram que a maioria dos agricultores (73,9%) tinha uma adoção média, seguida de uma adoção baixa (20,5%) e alta (5,6%). Entre os agricultores marginais, 70,0 por cento tinham uma adoção média da tecnologia de produção de feijão-mungo. No entanto, 25,0 por cento dos agricultores tiveram uma adoção baixa e 5,0 por cento uma adoção elevada. No caso dos pequenos agricultores, 16,7, 76,7 e 6,6 por cento dos agricultores tiveram uma adoção baixa, média e alta, respetivamente. Verificou-se que a maioria dos grandes agricultores (75,0 %) tinha uma adoção média, 20,0 % baixa e 5,0 % alta da tecnologia de produção de feijão-mungo.

Singh et al. (2012) revelaram que a propriedade da terra foi encontrada para ter uma associação altamente significativa com o nível de conhecimento e extensão da adoção pelos produtores de Mothbean.

Deshmukh e Deshmukh (2013) revelaram que (66%) dos inquiridos pertenciam à categoria média no que diz respeito à posse de terras e que a posse de terras estava significativamente associada ao nível de constrangimento.

Kumar e Rathod (2013) revelaram que a maioria dos inquiridos (65,33%) pertencia a uma categoria média de propriedade fundiária, ou seja, de 4,1 a 10,00 ha. E apenas 2,67% dos inquiridos possuíam terras de grandes dimensões. A maioria das terras era de tipo médio, como referido por 54,67% dos inquiridos. Verificou-se que a posse de terra estava significativamente correlacionada com o conhecimento, a atitude e a adoção, o que significa que a posse de terra contribuía para melhorar o comportamento de adoção dos agricultores.

2.1.9. Rendimento anual

Patel (2008) revelou que 39,33% dos inquiridos tinham um rendimento anual entre 40001 e 60000 rupias, seguidos de 28,00% dos inquiridos que tinham um rendimento anual entre 20 001 e 40000 rupias, enquanto 17,34% dos inquiridos tinham um rendimento anual superior a 60000 rupias e 15,33% dos inquiridos tinham um rendimento anual até 20 000 rupias. Os resultados indicaram claramente que o número máximo de inquiridos pertencia ao grupo de rendimento anual entre 400001 e 60000 rupias. O rendimento anual foi considerado negativamente significativo a um nível de significância de 0,05% com a diferença tecnológica.

Shakhya et al. (2008) revelaram que o rendimento anual total estava positiva e significativamente relacionado com os conhecimentos sobre a tecnologia de produção de grão-de-bico (significativo a um nível de probabilidade de 0,01).

Swain e Sangramsingh (2009) revelaram que o efeito do nível de rendimento no nível de adoção apresenta uma tendência positiva em ambas as situações. Pode dever-se ao facto de rendimentos mais elevados ou rendimentos mais elevados tornarem o agricultor racional no seu comportamento de adoção. A inovação no domínio da agricultura pode muito bem ser introduzida tendo em conta o efeito do rendimento.

Singh (2011) revelou que o rendimento anual tinha sido responsável por uma quantidade significativa de variação na adoção.

Deshmukh e Deshmukh (2013) revelaram que a maioria dos inquiridos se encontrava na categoria média do rendimento anual (64%). Os rendimentos anuais estavam significativamente associados ao nível de constrangimento.

2.1.10. Aquisição de crédito

Limje (2000) revelou uma correlação significativa e positiva entre as facilidades de crédito e a adoção da tecnologia de produção de soja Patel (2008) verificou que a aquisição de crédito foi analisada e que 89,33% dos inquiridos adquiriram crédito a curto prazo, 41,00% dos inquiridos utilizaram a sociedade cooperativa como fonte de crédito e a maioria dos inquiridos (82,09%) acreditava que a disponibilidade de crédito era muito fácil e rápida. Singh et al. (2012) observaram que foi observada uma associação não significativa entre o comportamento de crédito e o nível de conhecimento e adoção de tecnologia de produção de favas.

Sahu (2013) revelou que a maioria dos DIF (70,32%) adquiriu crédito de curto prazo, seguido de 26,56% de DIF que não adquiriram crédito e 3,12% de DIF que contraíram empréstimos de médio prazo. A aquisição de crédito revelou-se positiva e significativamente correlacionada, ao nível de probabilidade de 0,05, com a produtividade do tomate e o tempo de colheita e o nível de conhecimento da tecnologia de produção do tomate revelaram-se positivos e altamente correlacionados, ao nível de probabilidade de 0,01, com a produtividade do tomate.

2.1.11. Instalação de irrigação

Mukim (2004) descobriu que a maior cobertura de área sob irrigação era através de poço tubular (42,19%) seguido por Canal mais poço (32,81%). O canal mais o poço tubular e o tanque contribuíram com 23,44 e 1,56% da área irrigada, respetivamente.

Thanh e Singh (2006) referiram que, devido à vantagem das condições naturais, 100% dos agricultores vietnamitas utilizavam os canais como principais fontes de irrigação; enquanto que, para os inquiridos indianos, este é um dos principais constrangimentos na sua produção, uma vez que mais de metade deles utilizava poços tubulares (66,00%), seguidos de canais (22,00%), precipitação (10,00%) e poços (2,00%).

Singh (2011) observou que a correlação entre as instalações de irrigação dos agricultores e a adoção de tecnologias de produção de feijão-mungo não era significativa.

2.1.12. Fonte de informação

Shakhya et al. (2008) constataram que a utilização das fontes de informação era o fator importante que tinha um efeito direto e indireto nos conhecimentos dos produtores de grão-de-bico. Verificou-se que a utilização das fontes de informação contribuía significativamente para os conhecimentos sobre a tecnologia de produção do grão-de-bico.

Naruka et al. (2010) revelaram que a lacuna tecnológica de todas as categorias de inquiridos estava negativa e significativamente relacionada com a fonte de utilização da informação.

Singh (2011) revelou que a fonte de informação não estava significativamente correlacionada com a adoção de tecnologia de produção de feijão-mungo na zona árida do Rajastão. O valor do coeficiente de regressão "b" não foi significativo para a fonte de informação.

Singh et al. (2012) revelaram que a fonte de informação utilizada pelos produtores de feijão-manteiga foi significativamente associada ao nível de conhecimento e à extensão da adoção.

2.1.13. Contacto com o pessoal da extensão

Patel (2008) revelou que menos de três quartos dos inquiridos (69,33%) tinham um nível médio de contacto com a extensão, seguido de 20,00 por cento dos inquiridos que tinham um nível baixo de contacto com a extensão, enquanto apenas 10,67 por cento dos inquiridos tinham um nível elevado de contactos com a extensão. O coeficiente de correlação e a análise de regressão múltipla mostram que o contacto com a extensão é negativamente significativo em relação à lacuna tecnológica na tecnologia de produção de soja recomendada.

Singh e Chauhan (2010) constataram que o contacto com as agências de extensão tinha uma relação positiva e significativa com a adoção de tecnologia de produção de feijão-mungo.

Singh (2011) revelou que o contacto com a extensão não está significativamente correlacionado com a adoção de tecnologia de produção de feijão-mungo.

Kumar e Rathod (2013) observaram que os contactos de extensão dos produtores de soja os ajudaram a melhorar os seus conhecimentos, atitudes e adoção da tecnologia da soja. O coeficiente de correlação mostra que os contactos de extensão têm um significado positivo a 0,01 níveis com o comportamento de adoção dos agricultores sobre a tecnologia recomendada da soja.

2.1.14. Orientação científica

Shakhya et al. (2008) revelaram que a orientação científica era o fator importante que tinha um efeito direto e indireto nos conhecimentos dos produtores de grão-de-bico. O coeficiente de correlação e a análise do coeficiente de regressão "b" revelam uma relação positiva e significativa com o nível de conhecimentos dos produtores de grão-de-bico sobre a tecnologia de produção do grão-de-bico.

Singh (2011) observou uma correlação não significativa entre a motivação científica e a adoção de tecnologia de produção de feijão mungo na zona árida do Rajastão.

Deshmukh e Deshmukh (2013) revelaram que a orientação científica foi considerada não significativamente associada ao nível de constrangimento.

2.1.15. Orientação para o risco

Singh (2011) observou que o valor "b" do coeficiente de regressão não era significativo para a orientação para o risco. Os resultados indicam que a orientação científica não tem efeito direto ou indireto na adoção da tecnologia de produção de feijão-mungo.

Singh et al. (2012) verificaram que a orientação para o risco estava significativamente associada ao nível de conhecimentos e ao grau de adoção da tecnologia de produção de feijão-mungo.

Deshmukh e Deshmukh (2013) revelaram que a preferência pelo risco estava significativamente associada ao nível de constrangimento.

2.1.16. Nível de conhecimentos

Patel (2008) revelou que, do total de inquiridos, quase três quartos dos inquiridos (74,00%) tinham um nível médio de conhecimentos sobre a tecnologia de produção de soja recomendada, enquanto 16,00 por cento e 10,00 por cento dos inquiridos tinham um nível baixo e alto de conhecimentos, respetivamente. O nível de conhecimento está correlacionado de forma altamente negativa com a lacuna tecnológica na tecnologia de produção de soja recomendada.

Naruka et al. (2010) revelaram que a lacuna tecnológica de todas as categorias de inquiridos estava negativa e significativamente relacionada com o nível de conhecimentos.

Singh (2011) observou que os conhecimentos estavam correlacionados de forma positiva e significativa com a adoção de tecnologia de produção de feijão mungo.

Singh et al. (2012) concluíram que o nível de conhecimento foi considerado altamente positivo e significativo para a adoção de tecnologia de produção de feijão-traça.

2.1.17. Grau de adoção

Rajni (2006) indicou que, antes da formação, a maioria dos inquiridos (62,96%) tinha um nível médio de adoção, seguido de 25,93% dos inquiridos com um nível baixo de adoção e 11,11% dos inquiridos com um nível elevado de adoção, enquanto que, após a formação, a maioria dos inquiridos (70,38%) tinha um nível médio de adoção, seguido de uma percentagem igual (14,81%) de baixo e elevado nível de adoção relativamente aos programas de formação sobre produção de semente.

Swain e Sangramsingh (2009) revelaram que a inovação no domínio da agricultura pode ser introduzida tendo em conta o efeito da educação, do rendimento, da dimensão da exploração, da idade e da dimensão da família. Estes factores aceleram a taxa de adoção de inovações.

Singh e Chauhan (2010) revelaram que a maioria dos agricultores (73,9%) tinha uma adoção média, seguida de uma adoção baixa (20,5%) e alta (5,6%). Entre os agricultores marginais, 70,0% tinham uma adoção média da tecnologia de produção de feijão-mungo. No entanto, 25,0 por cento dos agricultores tiveram uma adoção baixa e 5,0 por cento uma adoção elevada. No caso dos pequenos agricultores, 16,7, 76,7 e 6,6 por cento dos agricultores tiveram uma adoção baixa, média e alta, respetivamente. Verificou-se que a maioria dos grandes agricultores (75,0 %) tinha uma adoção média, 20,0 % baixa e 5,0 % alta da tecnologia de produção de feijão-mungo.

Islam et al. (2011) revelaram que a adoção global da agro-tecnologia do feijão-URD: Os dados indicaram que, no geral, a maioria dos agricultores (69,10 %) teve uma adoção média, seguida de uma adoção baixa (18,10 %) e alta (12,80 %).

Meena et al. (2011) revelaram que os agricultores adoptaram adequadamente a época de sementeira recomendada, a utilização da taxa de sementes recomendada, a manutenção do espaçamento recomendado, a gestão da irrigação, enquanto que adoptaram menos a utilização de insecticidas recomendados para o controlo de insectos-praga, os produtos químicos recomendados para o controlo de doenças, o método e a época de colheita recomendados, o tratamento recomendado do solo e as variedades de alto rendimento.

Singh (2011) observou que os inquiridos foram classificados como de baixa (até 33,33 %), média (33,34 a 66,66 %) e alta adoção (acima de 66,66 %). Grau de adoção da tecnologia de produção de feijão mungo de acordo com a prática

Singh et al. (2012) revelaram que os inquiridos tinham um baixo nível de conhecimento e grau de adoção da gestão de nutrientes, com 38,96 e 24,26 MPS, respetivamente, e a diferença entre os dois era de 14,70 MPS.57, ao passo que o grau de adoção também era baixo, ou seja, 5,54 MPS e a diferença entre os dois era de 10,03 MPS, seguindo-se a preparação do campo, a rotação de culturas, o tratamento de sementes e as medidas de colheita e armazenamento, com uma diferença média percentual de 9,49, 7,86, 7,21 e 6,77, respetivamente.

Kumar e Rathod (2013) revelaram que a maioria dos agricultores (62,67%) estava incluída na categoria média de adoção das tecnologias recomendadas para a soja, seguida pelos agricultores (20,00%) pertencentes à categoria alta de adoção, enquanto apenas 17,33% dos agricultores tinham um baixo nível de adoção da tecnologia recomendada para a soja.

2.2. Desfasamento tecnológico

Chaudhary et al. (2008) revelaram que a maioria dos agricultores pobres em recursos não efectuava tratamento de sementes de arroz. No entanto, para quase todas as práticas, um número significativo de agricultores apresentava uma lacuna tecnológica parcial. As lacunas eram menores nas práticas de gestão de viveiros, como a preparação da cama de sementes, a gestão de ervas daninhas e a seleção de variedades. No que diz respeito às práticas de produção de arroz no campo principal, os agricultores ricos e pobres em recursos não preencheram as lacunas e, em quase todas as práticas, um número significativo de agricultores apresentou lacunas tecnológicas parciais. Práticas como a distância de transplantação, a colheita e a debulha e a utilização de plântulas com a idade recomendada reflectiram lacunas reduzidas no caso da maioria dos agricultores. No caso do trigo, os agricultores não seguiram medidas de proteção das plantas, enquanto mais de 80% dos agricultores não aplicaram tratamento de sementes de trigo. No entanto, em relação a quase todas as práticas, um número significativo de ambas as categorias de agricultores revelou lacunas tecnológicas parciais no trigo. As práticas relativas ao trigo, como a taxa de sementeira, a colheita e a debulha e a seleção de variedades, foram as que revelaram menos lacunas em ambas as categorias de agricultores.

Patel (2008) revelou que a maioria (74,00%) dos inquiridos tinha um nível médio de lacuna tecnológica, ao passo que apenas 10,00% dos inquiridos tinham um nível baixo de lacuna tecnológica, enquanto 16,00% dos inquiridos tinham um nível elevado de lacuna tecnológica sobre a tecnologia de produção de soja recomendada. Kumar (2009) revelou que a lacuna tecnológica média entre os agricultores, no que respeita às práticas de cultivo recomendadas para a soja. Mais de cinquenta por cento da lacuna tecnológica foi encontrada em algumas das práticas como a aplicação de sulfato de zinco (88,00%), inoculação de sementes com cultura de rizóbio (72,67%), tratamento de sementes com captan ou thiram (60,67%), fertilizante potássico (58,00%) e medidas de proteção das plantas (50,33%). A diferença em relação à monda manual, à aplicação de FYM e à aplicação de azoto foi comparativamente menor, com 16,00 por cento, 15,00 por cento e 14,67 por cento, respetivamente. A diferença tecnológica no caso da época de sementeira, da taxa de sementes e da aplicação de fósforo foi de 13,33%, 12,67% e 11,33%, respetivamente. O desfasamento tecnológico em relação ao espaçamento e à variedade foi de, pelo menos, 9,33% e 6,67%, respetivamente.

Burman et al. (2010) revelaram que a lacuna global na adoção de tecnologias era maior em situação de sequeiro do que em situação de regadio. Na maioria das leguminosas, os agricultores não seguiram as práticas recomendadas em matéria de irrigação, proteção das plantas e utilização de sementes melhoradas.

Naruka et al. (2010) observaram que a lacuna tecnológica de todas as categorias de inquiridos estava negativa e significativamente relacionada com o nível de conhecimentos, a educação e a participação social, a fonte de informação utilizada e a intensidade da cultura. No entanto, no caso dos agricultores marginais, a lacuna tecnológica estava negativa e significativamente relacionada com as alfaias agrícolas. A idade foi positiva e significativamente relacionada com a lacuna tecnológica na tecnologia de produção de soja recomendada.

Goudappa et al. (2012) revelaram que 45,83% dos agricultores apresentavam uma lacuna tecnológica média, seguida de uma lacuna tecnológica elevada (30,83%) relativamente às práticas de cultivo da malagueta. Entre as várias tecnologias recomendadas, a lacuna máxima foi observada na taxa de sementes (88,50%), seguida pelo uso de weedicides (86,00%), preparação da cama de sementes (85,32%) e espaçamento (55,00%), e tratamento de sementes (62,82%), medidas de proteção de plantas (46,66%), uso de adubos (38,23%), mudas por colina (28,50%).

2.3. Restrições

Rajput (2001) referiu que os principais condicionalismos da tecnologia de produção de soja eram o baixo preço dos produtos agrícolas, a falta de mão de obra e os elevados custos de transporte. Estes três constrangimentos foram sentidos por mais de (70,00%) dos agricultores da amostra.

Singh et al. (2007) revelaram que os principais constrangimentos tidos em conta eram tecnológicos, socioeconómicos e agro-ecológicos, que limitam a adoção de um pacote moderno de práticas para o seu cultivo e, em última análise, o rendimento. A incidência de pragas e doenças nas plantas (97,52% dos inquiridos), a indisponibilidade de material de semente de qualidade (96,23% dos inquiridos) e a indisponibilidade de fertilizante fosfatado à base de enxofre para uma nutrição equilibrada (94,35% dos inquiridos) foram identificadas como os principais constrangimentos que causam um retrocesso na produção esperada.

Patel (2008) revelou que, entre os constrangimentos sociopessoais, o número máximo de inquiridos referiu que o baixo nível de educação (36,66%), a grande dimensão da família (32,66%), outras ocupações (26,66%) e a idade avançada (15,33%) eram os principais constrangimentos enfrentados pelos produtores de soja na adoção da tecnologia de produção de soja recomendada. Os aspectos socioeconómicos foram expressos pelo número máximo de inquiridos, ou seja, pequena dimensão da exploração agrícola (41,33%), elevada taxa de juro (40,00%), falta de capacidade de suportar riscos (37,33%), terra dispersa (35,33%), menos rendimento (26,00%), indisponibilidade de empréstimo a tempo (24,66%), falta de inovações sociais (15,33%) e crédito inadequado (12,00%), respetivamente. No caso dos constrangimentos psicológicos, o número máximo de inquiridos (44,66%) não estava preparado para adotar facilmente novas tecnologias. No que diz respeito aos constrangimentos de comunicação, verificou-se que 76,60% dos agricultores referiram a falta de formação como um dos principais constrangimentos. Da mesma forma, 66,60% dos agricultores referiram a falta de informação em tempo oportuno, o baixo contacto com as agências de extensão (54,66%), a informação inadequada (48,00%), a não disponibilidade de fontes de informação (45,33%) e a não disponibilidade de extensionistas e cientistas (42,00%) foram alguns dos outros constrangimentos enfrentados pelos agricultores na adoção da tecnologia de produção de soja recomendada. No que diz respeito aos constrangimentos técnicos enfrentados pelos inquiridos, o número máximo de produtores de soja referiu que a falta de conhecimentos sobre a dose adequada de fungicidas (80,66%), insecticidas (78,66%) e herbicidas (72,00%), respetivamente. Kumar et al. (2010) revelaram que os principais constrangimentos enfrentados pelos produtores de leguminosas eram a não disponibilidade de sementes de variedades melhoradas, estrume e fertilizantes a tempo, a falta de conhecimentos sobre o controlo de ervas daninhas e a ausência de um mercado regulamentado para a venda.

Singh et al. (2012) salienta que existem vários constrangimentos que afectam o processo de adoção, no entanto, alguns deles são os mais importantes que afectam a extensão da adoção da tecnologia de produção recomendada para o feijão-traça. Os mais importantes foram o controlo de ervas daninhas através de "herbicidas é um fenómeno tecnicamente complexo", a "falta de conhecimentos sobre tecnologias melhoradas de sementes, herbicidas e medidas fitossanitárias", a "ausência de comercialização garantida a preços remuneradores e de apólices de seguro", a "falta de competências operacionais nos equipamentos fitossanitários" e a "tempestade de areia, alta velocidade do vento e alta temperatura afectam o crescimento da cultura e a produtividade", a "indisponibilidade de insumos na época alta" e a "falta de política hídrica decidida pelo governo".

Singh et al. (2012) revelam que os constrangimentos relacionados com questões pessoais dos agricultores referem que a falta de educação (67,72%) e a falta de conhecimentos (54,05%) são os principais constrangimentos. O estudo também indicou que a falta de participação social e a falta de capacidade de suportar riscos eram os principais constrangimentos sócio-psicológicos. No que diz respeito aos constrangimentos comunicacionais, a falta de informação em quantidade adequada foi considerada um dos principais constrangimentos, seguida da falta de informação em tempo oportuno e da não disponibilidade de meios de informação. O estudo mostra também os constrangimentos tecnológicos, devido aos quais a taxa de adoção é baixa. Observou-se que cerca de 91,72% dos inquiridos referiram a falta de instalações de irrigação como o principal constrangimento.

Badhala et al. (2013) revelaram que os agricultores beneficiários e não beneficiários perceberam mais constrangimentos para os ambientes na adoção de tecnologia melhorada de produção de feijão-traça. As restrições técnicas e diversas foram percebidas menos na adoção da tecnologia de produção de traça pelos inquiridos em geral, bem como pelos inquiridos não beneficiários.

2.4. Sugestão

Patel (2008) revelou que a maioria dos inquiridos (80,00%) sugeriu que o conhecimento deveria ser aumentado em vários aspectos da tecnologia de produção de soja, ou seja, tratamento de sementes, cultura de Rhizobium, variedade melhorada e utilização de doses adequadas de fungicida, inseticida e herbicida através de um programa de formação sistemático, seguido de 78.66% sugeriram que os agentes ou agências de extensão deveriam transmitir informações corretas no momento certo (74,66%), que as instalações deveriam ser aumentadas em relação ao fornecimento contínuo de eletricidade, que as sementes melhoradas deveriam estar disponíveis atempadamente e em quantidade suficiente (68,00%), que a unidade de processamento de soja deveria ser estabelecida no distrito de Kabirdham (66.66%), deve ser organizada formação orientada para as competências em matéria de tratamento de sementes a nível das aldeias (65,33%), deve ser ministrada formação adequada e regular sobre a tecnologia de produção de soja (58,00%), deve ser aumentada a facilidade de mercado, bem como a taxa de aquisição da colheita de soja (54,00%), devem ser aumentados os subsídios para fertilizantes e sementes (53.33%), a facilidade de irrigação deve ser aumentada (50,66%), o crédito deve ser fornecido no momento adequado (47,33%), a demonstração e a formação dos agricultores devem ser organizadas a nível da aldeia (46,66%) e o aumento das infra-estruturas como estradas e transportes (26,66%) são as principais sugestões dadas pelos inquiridos.

Lanjewar (2009) revelou que a adoção da tecnologia de produção de repolho recomendada com referência ao uso do sistema de irrigação por gotejamento foi observado que os subsídios devem ser aumentados em insumos, ou seja, fertilizantes e sementes surgiram como as principais sugestões, conforme relatado por 78,57% dos entrevistados. As outras sugestões foram o aumento dos subsídios para o sistema de irrigação por gotejamento (77,19%), mercado, bem como instalações de armazenamento a frio devem ser aumentadas

(74,28%).

Sahu (2013) revelou que a maioria dos inquiridos (93,75%) era da opinião de que deveria ser dado um subsídio adequado aos agricultores para comprarem o sistema de rega gota-a-gota.

CAPÍTULO 3

METODOLOGIA DE INVESTIGAÇÃO

O capítulo abrange o método e o procedimento exactos seguidos durante o trabalho de investigação, bem como a preparação do manuscrito. O projeto utilizado na realização da investigação foi delineado neste capítulo. A bifurcação da metodologia de investigação adoptada é apresentada nas seguintes rubricas:

3.1 Localização da zona de estudo
3.2 Amostra e processo de amostragem
3.3 Variáveis do estudo
3.3.1 Variáveis independentes
3.3.2 Variáveis dependentes
3.4 Operacionalização das variáveis independentes e sua medição
3.5 Operacionalização das variáveis dependentes e sua medição
3.6 Tipo de dados
3.7 Elaboração do programa de entrevistas
3.7.1 Validade
3.7.2 Fiabilidade
3.8 Método de recolha de dados
3.9 Análise estatística

3.1. Localização da área de estudo

O estudo foi realizado no distrito de Jashpur, no estado de Chhattisgarh, durante o ano de 2013-14. O estado de Chhattisgarh tem 27 distritos, a saber Bijapur, Sukma, Dantewada, (Dakshin Bastar), Bastar (Jagdalpur), Kondagaon, Narayanpur, Kanker (Uttar Bastar), Kawardha, Rajnandgaon, Balod, Durg, Bemetara, Dhamtari, Gariyaband, Raipur, Baloda Bazar, Mahasamund, Bilaspur, Mungeli, Korba, Janjgir-Champa, Jashpur Raigarh, Koriya, Surajpur, Surguja (Ambikapur), Balrampur. Destes, o distrito de Jashpur foi selecionado propositadamente para este estudo.

Jashpur está situada na parte nordeste de Chhattisgarh, na zona agro-climática de Northern Hills. Jashpur é rica em florestas densas e flora verdejante. A região norte do distrito tem uma longa série de colinas e montanhas, por vezes paralelas umas às outras ou cruzando-se algures. O distrito de Jashpur tem um terreno verdejante, vales e uma beleza natural elegante, com uma altitude média de 2500 a 3500 metros acima do nível do mar. O distrito está situado entre $22^0$17' N e 23^0 15' N de latitude e 83^0 30' E e 84^0 41' E de longitude. O comprimento norte-sul deste distrito é de cerca de 150 Kms, e a sua largura leste-oeste é de cerca de 85 Kms. A sua área total é de 6205 quilómetros quadrados. O distrito possui principalmente solos Entisols (Goda/Tikra), Inceptisols (Goda/Chawar), Alfisols (Chawar) e Vertisols (Bahra). O sistema de cultivo baseado no arroz é predominante no distrito.

3.3. Amostra e processo de amostragem

3.3.1. Seleção do distrito

O estudo foi efectuado durante o ano de 2013-14 no distrito de Jashpur do estado de Chhattisgarh. O estado de Chhattisgarh é constituído por 27 distritos, dos quais o distrito de Jashpur foi selecionado propositadamente devido ao domínio tribal e à primeira posição na produção de grama preta em Chhattisgarh.

3.3.2. Seleção de blocos

De um total de 8 blocos no distrito (Jashpur, Bagicha, Pharsabahar, Pathalgaon, Kunkuri, Kansabel, Manora e Duldula), três blocos, ou seja, Pharsabahar, Bagicha e Jashpur, foram selecionados propositadamente devido à área máxima cultivada com grama preta.

3.3.3. Seleção das aldeias

Foram selecionadas aleatoriamente quatro aldeias de cada um dos blocos selecionados, perfazendo um total de 12 aldeias de amostra, nomeadamente, Baro, Mahuwadih, Khutsera, Jamtoli, Kutma, Bamba, Pasiya, Sanna,

Lodam, Putrichaura, Koleng e Jabla.

3.3.4. Seleção dos inquiridos

Foram selecionados aleatoriamente dez agricultores tribais produtores de grama preta de cada aldeia selecionada. Assim, o total de 120 produtores de grama preta (10X12=120) foi considerado como inquirido para este estudo.

3.3.5. Recolha de dados

Os dados foram recolhidos pessoalmente pelo investigador em cooperação com os RAEO e outros funcionários do distrito, utilizando um programa de entrevistas pré-testado.

3.3.6. Métodos estatísticos

Os dados recolhidos foram tabulados e processados utilizando ferramentas e métodos estatísticos adequados.

3.3. Variáveis do estudo

3.3.1. Variáveis independentes

- Idade
- Educação
- Tamanho da família
- Participação social
- Participação na extensão
- Experiência agrícola
- Ocupação
- Exploração de terras
- Rendimento anual
- Aquisição de créditos
- Instalação de irrigação
- Fonte de informação
- Contacto com o pessoal da extensão
- Orientação científica
- Orientação para o risco
- Nível de conhecimentos

3.3.2. Variáveis dependentes

Lacuna tecnológica na adoção da tecnologia de produção recomendada para a grama preta

3.4. Operacionalização das variáveis independentes e sua gestão

3.4.1. Idade

Foi registada a idade dos produtores de grama preta, tal como informada por eles durante a entrevista pessoal. A idade cronológica foi utilizada para análise e foi categorizada da seguinte forma

Categories	**Score**
➢ Young (<35 years)	1
➢ Middle (36-55 years)	2
➢ Old (>55 years)	3

3.4.2. Ensino

A capacidade de leitura e escrita adquirida pelos agricultores foi considerada como o seu grau de instrução e foi classificada da seguinte forma

Categories	Score
➢ Illiterate	0
➢ Primary (Up to 5th class)	1
➢ Middle (6th to 8th class)	2
➢ High school (9th to 10th class)	3
➢ Higher secondary (11th to 12th class)	4
➢ Graduate & above	5

3.4.3. Tamanho da família

Com base no número de membros da família dos inquiridos, foram feitas as seguintes categorias:

Categories	Score
➢ Small (1 to 4 members)	1
➢ Medium (5 to 8 members)	2
➢ Large (Above 8 members)	3

3.4.4. Participação social

A participação social dos produtores de grama preta pode influenciar o seu comportamento de adoção. Através da participação social, os inquiridos podem ter a oportunidade de aprender mais/expor-se a novas ideias e podem ser motivados para a adoção. O termo participação social neste estudo refere-se ao grau de envolvimento dos inquiridos em organizações formais/informais como membro ou executivo/funcionário ou ambos. Foi calculada uma pontuação de participação social para cada inquirido com base na(s) sua(s) filiação(ões) e posição em várias organizações formais/informais. A pontuação foi efectuada da seguinte forma:

Categories	Score
➢ No social participation	0
➢ Social participation	1
➢ Participation in one organization	1
➢ Participation in two organizations	2
➢ Participation in more than two organization	3
Status of participation	**score**
➢ Member of any organization	1
➢ Office bearer of any organization	2

3.4.5. Participação na extensão

A participação na extensão das cultivares de grama preta pode influenciar o seu comportamento de adoção. Através da participação na extensão, o agricultor pode ter a oportunidade de aprender mais/expor-se a novas ideias e pode ser motivado para a adoção. O termo participação na extensão, neste estudo, refere-se ao grau de envolvimento dos inquiridos em várias actividades de extensão. A pontuação total de um inquirido individual era a soma dos itens em que o inquirido tinha participado. A pontuação individual do inquirido foi obtida através da soma das pontuações de todos os itens. As pontuações globais dos inquiridos foram obtidas e, de acordo com o seu envolvimento nas actividades de extensão, foram categorizadas da seguinte forma

Categories	Score
➢ Not participate	0
➢ Participate	1

3.4.6. Experiência agrícola

As experiências dos inquiridos foram categorizadas com base nos anos passados no cultivo da grama preta. Os inquiridos foram classificados da seguinte forma:

Categories	Score
➢ Less experienced (up to 10 years)	1
➢ Medium experienced (11 to 20 years)	2
➢ High experienced (Above 20 years)	3

3.4.7. Ocupação

A ocupação dos produtores de grama preta, como agricultura, trabalho agrícola, outro trabalho, serviços, criação de animais, negócios e outros (como produtos florestais não madeireiros), etc., foi incluída no estudo. Os tipos de ocupação exercidos pelos inquiridos foram categorizados para análise da seguinte forma:

Categories	Score
➢ Agriculture	1
➢ Agriculture labour	2
➢ Other labour	3
➢ Service	4
➢ Business	5
➢ Other like (NTFPs)	6

3.4.8. Exploração de terras

A posse de terra da família do inquirido foi considerada como um fator importante que influencia o processo de adoção. Este fator pode estar relacionado com o padrão de cultivo, o rendimento anual, o estatuto social e os contactos com o agente de extensão. Os inquiridos foram categorizados da seguinte forma:

Categories	Score
➢ Marginal farmer (up to 1 ha.)	1
➢ Small farmer (1.1 to 2 ha.)	2
➢ Medium farmer (2.1 to 4 ha.)	3
➢ Large farmer (> 4 ha)	4

3.4.9. Rendimento anual

No estudo, foram calculados os rendimentos anuais totais de todas as fontes disponíveis dos inquiridos e, em seguida, os inquiridos foram categorizados da seguinte forma

Categories	Score
➢ Low (up to Rs. 50,000)	1
➢ Medium (Rs. 50,001 to Rs.1,00,000)	2
➢ Moderate (Rs. 1,00,001 to Rs.2,00,000)	3

➢ High (Rs.2,00,001 to Rs. 3,00,000)	4
➢ Very high (Above Rs. 3,00,000)	5

3.4.10. Aquisição de crédito

A disponibilidade do crédito necessário para adquirir os factores de produção necessários pode influenciar o grau de adoção pelos agricultores. A adoção de uma tecnologia agrícola melhorada exige um maior investimento de capital na agricultura para a compra de factores de produção como fertilizantes, pesticidas, sementes melhoradas, alfaias, etc. Foram identificadas fontes de crédito, incluindo bancos Gramin, sociedades cooperativas, prestamistas, amigos, vizinhos, familiares, etc., tendo sido atribuído a cada fonte um peso igual e a disponibilidade de crédito identificada pelos agricultores foi então medida através das seguintes pontuações

Particulars	Score
Acquisition	
➢ Not acquired	0
➢ Acquired	1
Source of credit	**Score**
➢ SBI & Gramin banks	1
➢ Co-operative society	2
➢ Money lender	3
➢ Friend/Neighbour/Relatives/other	4
Duration of credit	**Score**
➢ Short term credit	1
➢ Medium term credit	2
➢ Long term credit	3

3.4.11. Instalação de irrigação

Foram recolhidas informações sobre o tipo de fonte utilizada pelos inquiridos para irrigar as culturas. Foram identificadas diferentes fontes de irrigação, tais como canal, poço tubular, lagoa e poço, tendo sido atribuídas as seguintes pontuações

Categories	Score
➢ No irrigation	0
➢ Partial irrigation availability	1
➢ Assured irrigation availability	2

3.4.12. Fontes de informação

Supõe-se que as fontes de informação estão diretamente associadas à adoção de tecnologia. Estas fontes de informação fornecem diferentes informações aos inquiridos sobre a tecnologia de produção recomendada para a grama preta. Para avaliar esta variável, foram identificadas diferentes fontes de informação. Para determinar o grau de utilização de cada fonte de informação, as respostas dos agricultores foram registadas e apresentadas em frequência e percentagem.

Posteriormente, os inquiridos foram categorizados para análise com base na utilização de fontes de informação e na credibilidade das fontes, como se segue:

Categories	Score
➢ No use any information source	0
➢ Use information sources	1
Credibility of source	**Score**

Nil	0
Partial	1
Complete	2

3.4.13. Contacto com o pessoal de extensão

Isto é definido operacionalmente como a "frequência com que um inquirido entra em contacto com o pessoal da extensão i.e. RAEOs, SADOs, SMS, cientistas da agricultura". O grau de contacto foi medido através de uma escala contínua de quatro pontos, ou seja, nunca, às vezes, sempre e regularmente, com uma pontuação de 0, 1, 2 e 3, respetivamente. Com base na pontuação global obtida, os inquiridos foram agrupados em quatro categorias, da seguinte forma

Categories	Score
➢ Never	0
➢ Sometimes	1
➢ Often	2
➢ Regularly	3

3.4.14. Orientação científica

Refere-se ao grau em que um indivíduo está inclinado a utilizar o método científico na agricultura e na tomada de decisões. A escala de orientação científica desenvolvida por Supe (1975) foi utilizada para medir a orientação científica dos inquiridos. As afirmações da escala original foram adequadamente modificadas para medir a orientação científica dos inquiridos. A escala tem oito itens. Destes sete itens, os números 1, 2, 3, 4, 6, 7 e 8 eram itens positivos e o número 5 era um item negativo. As pontuações dos itens positivos foram 5, 4, 3, 2 e 1 e as dos itens negativos foram 1, 2, 3, 4 e 5 para as categorias de resposta "concordo totalmente", "concordo", "indeciso", "discordo" e "discordo totalmente", respetivamente. Foram calculadas as somas das pontuações das oito afirmações. Os inquiridos foram classificados nos seguintes grupos:

Categories	Score
➢ Low level of scientific orientation (less than 23 score)	1
➢ Medium level of scientific orientation (23 to 29 score)	2
➢ High level of scientific orientation (Above 29 score)	3

3.4.15. Orientação para o risco

Foi operacionalizada como o grau em que um agricultor está orientado para o risco e a incerteza e tem coragem para enfrentar o problema no cultivo da grama preta. A escala de orientação para o risco desenvolvida por Supe (1969) foi utilizada neste estudo com ligeiras modificações. A pontuação da orientação para o risco de cada um dos inquiridos foi diferenciada em três categorias, da seguinte forma

Categories	Scores
➢ Low level risk orientation (less than 19 score)	1
➢ Medium level risk orientation (19 to 23 score)	2
➢ High level risk orientation (Above 23 score)	3

3.4.16. Nível de conhecimentos

English e English (1961) definiram o conhecimento como um conjunto de informações compreensíveis detidas por um indivíduo ou por uma cultura.

Rogers (1983) afirmou que o conhecimento é de três tipos: conhecimento de consciência, conhecimento de como fazer e conhecimento de princípio. No presente estudo, foi estudado o conhecimento de consciência e o estudo limita-se à informação técnica que os inquiridos possuem sobre a tecnologia recomendada para a produção de grama preta. O mesmo foi medido através da construção de uma escala de conhecimentos elaborada pelo professor.

O teste de conhecimentos é composto por itens denominados perguntas para a construção dos testes de conhecimentos de todo o pacote de práticas da tecnologia de produção de grama preta. O conjunto de perguntas desenvolvido foi discutido com o especialista no assunto nas disciplinas do comité consultivo e foi finalizado. O total de perguntas foi de 13.

Foi desenvolvido um dispositivo para medir o nível de conhecimento dos agricultores relativamente a tecnologias selecionadas recomendadas para a grama preta; foi utilizada uma escala feita pelo professor com algumas modificações. As respostas dos inquiridos relativamente aos conhecimentos foram obtidas numa escala contínua de três pontos, como se indica a seguir.

Categories	Score
➢ Incomplete knowledge	0
➢ Partial knowledge	1
➢ Complete knowledge	2

$$K.I = \frac{Oi}{S} \times 100$$

Onde,

I.C. = Índice de conhecimentos do i[st] inquirido

Oi = Pontuação total obtida pelo i[st] inquirido S = Pontuação total que pode ser obtida

$$\text{Knowledge gap index} = \frac{R-K}{S} \times 100$$

Onde,

R= Pontuação do pacote recomendado

K= Pontuação de conhecimento da prática relativa

$$\text{Knowledge gap index} = \frac{\text{Total knowledge gap for all practices considered}}{\text{No. of practices considered}} \times 100$$

3.4.17. Grau de adoção da tecnologia recomendada para a produção de grama preta

É o processo mental através do qual um indivíduo passa de ouvir falar de uma inovação para a adoção final (Rogers, 1995).

Foi operacionalizado como o grau de utilização das práticas recomendadas. A adoção refere-se ao grau de utilização das práticas agrícolas recomendadas para a cultura da grama preta pelos produtores de grama preta. O grau de adoção pelos inquiridos das práticas de cultivo da grama preta foi medido através da adoção do pacote de práticas recomendado pela Indira Gandhi Krishi Vishwavidyalaya, Raipur, para obter uma maior produção de grama preta. Para medir o grau de adoção da tecnologia de produção recomendada para a grama preta, foi elaborado um programa de entrevistas em que 13 itens foram convertidos em perguntas.

Para medir o grau de adoção, foram enumeradas as práticas importantes recomendadas e as respostas a cada prática foram obtidas numa escala de três pontos, como segue

Categories	Score
➢ Not adopted	0
➢ Partial adopted	1
➢ Fully adopted	2

O grau de adoção dos agricultores foi determinado em termos de práticas selecionadas de tecnologias de produção de grama preta adoptadas. Os inquiridos foram classificados em três categorias, utilizando a seguinte fórmula

$$A.I = \frac{Oi}{S} \times 100$$

Onde,

AI = Índice de adoção do i^{st} inquirido

Oi = Pontuação total obtida pelo i^{st} inquirido S = Pontuação total que pode ser obtida

3.5. Operacionalização da variável dependente e sua medição

3.5.12. Desfasamento tecnológico

Lacuna tecnológica na adoção da tecnologia de produção recomendada para a grama preta: a lacuna tecnológica foi operacionalizada como uma diferença entre o pacote de práticas recomendado e a adoção efectiva das práticas pelos inquiridos no terreno.

Foi desenvolvido um dispositivo para medir o nível de lacuna tecnológica dos inquiridos relativamente a práticas selecionadas da tecnologia recomendada para a cultura da grama preta. O índice de lacuna tecnológica foi calculado pela seguinte fórmula:

$$TGi = \frac{R-K}{R} \times 100$$

Onde,

TGi = Défice tecnológico da $i^{ésima}$ tecnologia

R= Pontuação do pacote recomendado

K= Pontuação de adoção da prática relativa

$$\text{Mean technological gap} = \frac{\text{Total gap for all practices considered}}{\text{No. practices considered}} \times 100$$

3.6. Constrangimentos enfrentados pelos produtores tribais de grama preta na adoção da tecnologia recomendada para a produção de grama preta

Foi aplicada uma técnica de classificação simples para medir os constrangimentos enfrentados pelos inquiridos na adoção da tecnologia de produção recomendada para a grama preta. Foi pedido a cada produtor de grama preta que mencionasse os seus constrangimentos na adoção da tecnologia de produção recomendada para a grama preta, por ordem de grau de dificuldade. As respostas foram calculadas e apresentadas com base na frequência e na percentagem.

3.7. Sugestões dadas pelos inquiridos para minimizar os constrangimentos

Foi pedido aos produtores de grama preta que dessem as suas valiosas sugestões para ultrapassar os constrangimentos que enfrentam na adoção da tecnologia de produção recomendada para a grama preta. As sugestões oferecidas foram resumidas com base no número e na percentagem de inquiridos que responderam às respectivas sugestões.

3.8. Tipo de dados

Os seguintes tipos de dados foram obtidos do inquirido tendo em conta os objectivos do estudo:

1. Dados relativos ao perfil socioeconómico dos inquiridos
2. Dados relativos ao nível de conhecimento dos agricultores tribais sobre as práticas de cultivo da grama preta,
3. Dados relativos à extensão do fosso tecnológico na adoção das práticas recomendadas para a cultura da grama negra,
4. Dados relativos aos condicionalismos enfrentados pelos agricultores tribais e obtenção das suas sugestões

para ultrapassar os condicionalismos no cultivo da grama preta.

3.8. Elaboração do programa de entrevistas

O programa da entrevista foi concebido com base nos objectivos e nas variáveis independentes e dependentes do presente inquérito. Para facilitar a vida dos inquiridos, o programa de entrevistas foi redigido em "hindi". Cada pergunta foi cuidadosamente examinada e discutida com os peritos antes de finalizar o programa de entrevistas. Foram tomadas as devidas precauções e cuidados para formular as perguntas de modo a que fossem bem compreendidas pelos inquiridos e lhes fosse mais fácil responder.

O programa de entrevistas preparado foi utilizado na área de estudo para recolher os dados. Com base na experiência adquirida no pré-teste, foram incorporadas as alterações e sugestões necessárias antes de dar um toque final ao programa de entrevistas.

3.8.1. Validade

A validade refere-se ao "grau em que os instrumentos de recolha de dados medem o que é suposto medirem e não outra coisa qualquer". A validade do programa de entrevistas utilizado para este estudo foi maximizada através dos seguintes passos:

1. O programa de entrevistas foi exaustivamente discutido com os cientistas envolvidos e com os membros do comité consultivo, tendo as suas sugestões sido incorporadas.
2. O pré-teste do programa de entrevistas constituiu um controlo adicional para melhorar o instrumento.
3. A pertinência de cada pergunta em termos dos objectivos do estudo, a sua ordem lógica e a formulação de cada pergunta foram cuidadosamente verificadas.

3.8.2. Fiabilidade

A fiabilidade de um programa de entrevistas refere-se à "sua consistência ou estabilidade na obtenção de informações dos inquiridos".

Neste estudo, seguiu-se o método de teste-reteste para avaliar a fiabilidade de um programa de entrevistas. Trinta inquiridos da área de estudo foram selecionados aleatoriamente e entrevistados, tendo sido reentrevistados após 2 a 3 semanas, utilizando o mesmo programa de entrevistas seguido na altura da primeira entrevista. Uma vez que foram observadas as mesmas respostas, a fiabilidade do programa de entrevistas foi assegurada.

3.8.3. Método de recolha de dados

Os inquiridos foram entrevistados através de uma entrevista pessoal. Antes da entrevista, os inquiridos foram considerados confidenciais, tendo-lhes sido revelado o objetivo real do estudo, e também foi tomado todo o cuidado para desenvolver uma boa relação com eles. Foi-lhes assegurado que as informações por eles fornecidas seriam mantidas confidenciais. A entrevista foi efectuada num ambiente formal e amigável, sem quaisquer complicações.

3.8.4. Análise estatística

Os dados recolhidos durante o inquérito foram tabulados na folha de codificação e, em seguida, procedeu-se a uma análise adequada dos dados de acordo com os objectivos sugeridos por Cochran e Cox (1957). Foram aplicadas técnicas estatísticas sob a forma de frequência, percentagem, média, desvio-padrão, coeficiente de correlação, etc. A análise foi efectuada com a ajuda da secção de informática do IGKV, Raipur.

CAPÍTULO 4

RESULTADOS E DISCUSSÃO

Este capítulo trata dos resultados obtidos em vários aspectos do estudo e é apoiado por uma discussão adequada das conclusões. Os dados foram recolhidos através do programa de entrevistas com base nos objectivos do estudo. Os dados recolhidos foram classificados, tabulados, analisados, apresentados, interpretados e discutidos de forma sistemática.

As conclusões do estudo são apresentadas e discutidas nos seguintes pontos:

4.1 . Variáveis independentes

4.1.1 Perfil socioeconómico dos produtores de grama preta

4.2 Variável dependente

4.2.1 Lacuna tecnológica na tecnologia recomendada para a produção de grama preta

4.3. Análise de correlação das variáveis independentes com a lacuna tecnológica nas práticas recomendadas de cultivo de grama preta

4.4. Análise de regressão múltipla das variáveis independentes com a lacuna tecnológica nas práticas recomendadas de cultivo de grama preta

4.5. Constrangimentos enfrentados pelos produtores de grama preta na adoção das práticas recomendadas de cultivo de grama preta

4.6. Sugestões oferecidas pelos produtores de grama preta para a adoção das práticas recomendadas de cultivo de grama preta

4.1. Variáveis independentes

4.1.1. Perfil socioeconómico dos inquiridos

A idade, a educação, a dimensão da família, a participação social, a participação na extensão, a experiência agrícola, a ocupação, a posse da terra, o rendimento anual, a aquisição de crédito, a facilidade de irrigação, a fonte de informação, o contacto com o pessoal da extensão, a orientação científica, a orientação para o risco e o nível de conhecimentos são considerados como perfil socioeconómico dos inquiridos.

4.1.2. Idade dos inquiridos

As conclusões sobre a idade dos inquiridos são apresentadas no Quadro 4.1. Os dados revelaram que a maioria (65,83%) dos inquiridos pertencia ao grupo etário médio (entre 36 e 55 anos). No entanto, 17,50% dos inquiridos pertenciam ao grupo etário jovem (até aos 35 anos) e apenas 16,67% pertenciam ao grupo etário idoso (mais de 55 anos). Os resultados indicaram que a maioria dos produtores de grama preta na área de estudo pertencia aos grupos de meia-idade, seguidos pelo grupo de jovens e pelo grupo de idosos. Isto reflecte o facto de os jovens e os idosos não estarem muito envolvidos no cultivo da grama preta.

Tabela 4.1: Distribuição dos inquiridos de acordo com a sua idade

(n=120)

S. N.	Category of age	Frequency	Per cent
1.	Young (up to 35 years)	21	17.50
2.	Middle (36-55 Years)	79	65.83
3.	Old (Above 55 years)	20	16.67

Estes resultados são semelhantes aos de Tiwari et al. (2007), que referiram que, do total de produtores de ervilhas, 31,70% pertenciam ao grupo etário jovem, 46,35% ao grupo etário médio e 21,95% ao grupo etário idoso. Kumar e Rathod (2013) também referiram que os inquiridos se distribuíam muito pouco pelas categorias de idade média (36,00%), jovem (33,33%) e idosa (30,67%).

.1.2. Educação dos inquiridos

No que diz respeito à educação, os dados revelaram (Quadro 4.2) que cerca de 56% dos produtores de grama preta selecionados tinham um nível de educação primário a médio. Cerca de 20% tinham concluído o ensino secundário, 13,33% tinham concluído o ensino secundário superior, 7,50% eram analfabetos e apenas 3,33% dos inquiridos tinham formação superior.

Quadro 4.2: Distribuição dos inquiridos de acordo com o seu nível de escolaridade

(n=120)

S.N.	Education level	Frequency	Per cent
1.	Illiterate	9	7.50
2.	Primary (up to 5th class)	32	26.67
3.	Middle (6th to8th class)	35	29.17
4.	High school (9th to 10th class)	24	20.00
5.	Higher secondary (11th to 12th class)	16	13.33
6.	Graduate & above	4	3.33

Deshmukh e Deshmukh (2013) apresentaram conclusões semelhantes, segundo as quais a maioria dos inquiridos possuía um nível de ensino médio (62%), seguido de um nível de ensino superior (24%) e de um nível de ensino analfabeto e primário (14%). As habilitações literárias estavam significativamente associadas ao nível de constrangimentos.

4.1.3. Dimensão da família

Os dados relativos à dimensão da família (Quadro 4.3) indicavam que 64,17% dos inquiridos tinham uma família de dimensão média (5 a 8 membros), seguidos de 26,67% de inquiridos com uma família de dimensão pequena (até 4 membros) e apenas 9,17% dos inquiridos com uma família de dimensão grande (mais de 8 membros).

Tabela 4.3: Distribuição dos inquiridos de acordo com a dimensão da sua família

(n=120)

S. N.	Size of family	Frequency	Per cent
1.	Small (up to 4 members)	32	26.67
2.	Medium (5-8 members)	77	64.17
3.	Large (Above 8 members)	11	9.17

Estas conclusões são semelhantes às de Kumar e Rathod (2013), que referiram que a maioria dos inquiridos (60,67%) pertencia a uma família de dimensão média, ou seja, de 4 a 9 membros, seguida de 24,66% de inquiridos na categoria de família de grande dimensão.

4.1.4. Participação social

Os dados relativos à participação social (Quadro 4.4) mostram que 100% dos inquiridos participaram no Gram Panchayat (Gram Sabha), dos quais 81,66% participaram como membros e os restantes 18,34% participaram como titulares de cargos no Gram Panchayat. A participação em sociedades cooperativas revela que 97,50% dos inquiridos participaram, dos quais 1% como membro. Cerca de 6,66% dos inquiridos participavam noutras organizações, como a School Janbhagidari Samiti, da qual 75% eram membros e 25% eram titulares de cargos. Além disso, a participação no Yuva mandal e no Jati panchayat foi considerada muito baixa. Não se registou qualquer participação no clube kisan.

Tabela 4.4: Distribuição dos inquiridos de acordo com a sua participação social

(n=120)

S.N.	Organization	Participation		Status of participation			
				Member		Office bearer	
		No.	%	No.	%	No.	%
1.	Gram panchayat (Gram Sabha)	120	100	98	81.66	22	18.34

2.	Co-operative society	117	97.5	117	100.00	0	0.00
3.	Yuva mandal	1	0.83	1	100.00	0	0.00
4.	Kisan club	0	00	0	00.00	0	0.00
5.	Jati panchayat	1	0.83	1	100.00	0	0.00
6.	Other	8	6.66	6	75.00	2	25.00

*Os dados são baseados em múltiplos inquiridos

Além disso, verificou-se (Tabela 4.5) que todos os inquiridos tinham participação social, dos quais 92% participavam/membros de duas organizações, 7% dos inquiridos eram membros de mais de duas organizações e apenas 1% dos inquiridos era membro de apenas uma organização.

Tabela: 4.5. Distribuição dos inquiridos de acordo com a sua participação no número de organizações

(n=120)

S. N.	participation in no. of organizations	Frequency	Per cent
1.	Participation in one organization	2	1
2.	Participation in two organizations	110	92
3.	Participation in more than two organizations	8	7

Singh et al. (2012) referiram que a participação social tem uma associação altamente significativa com o nível de conhecimentos e o grau de adoção pelos agricultores.

4.1.5. Participação na extensão

Os dados relativos à participação na extensão (Tabela 4.6) mostram que a maioria (92,50%) dos inquiridos participou em discussões com os agentes de extensão, 49,17% dos inquiridos participaram em feiras de agricultores, 16,22% dos inquiridos utilizaram o centro de atendimento kisan, 10,83% dos inquiridos participaram em exposições agrícolas e apenas 1,67% dos inquiridos observaram campos de demonstração vizinhos.

Tabela 4.6: Distribuição dos inquiridos de acordo com a sua participação na extensão

S. N.	Extension participation	frequency	Per cent
1.	Demonstration conduct on my field	0	0.00
2.	Observed neighbor's demonstrated field	2	1.67
3.	Discussion with extension agent	111	92.50
4.	Participate in farmer's day on farmer's field	5	4.17
5.	Participate in farmers' fare	59	49.17
6.	Participate in farming exhibition	13	10.83
7.	Kisan call centre	20	16.67

*Os dados são baseados em respostas múltiplas

4.1.6. Experiência agrícola

Em relação à experiência de cultivo de grama preta, os dados mostram (Quadro 4.7) que 44,17% dos inquiridos tinham uma experiência agrícola média (11 a 20 anos), cerca de 37% dos inquiridos tinham uma experiência elevada (mais de 20 anos) e 19,17% dos inquiridos tinham pouca experiência agrícola no cultivo de grama preta.

Quadro 4.7: Distribuição dos inquiridos de acordo com a sua experiência agrícola no cultivo de grama preta

S. N.	Category	Frequency	Per cent
1.	Low experience (Up to 10 Years)	23	19.17
2.	Medium experience (11 to 20 Years)	53	44.17
3.	High experience (more than 20 years)	44	36.67

Estas conclusões são semelhantes às conclusões de Kumar e Rathod (2013), que referiram que cerca de 62%

dos inquiridos tinham uma experiência agrícola média (8-13 anos), seguidos pelos inquiridos (25,33%) com uma experiência elevada, tendo a experiência agrícola sido significativamente correlacionada com os conhecimentos e a adoção a um nível de probabilidade de 0,01.

4.1.7. Ocupação

No que diz respeito à ocupação dos inquiridos, a Tabela 4.8 mostra que a maioria dos inquiridos está envolvida na agricultura (96,66%) como ocupação principal, seguida de 3,33% envolvidos em serviços como ocupação principal. O envolvimento em outros trabalhos (85,70%), trabalho agrícola (84,17%), criação de animais (51,67%), outros (NTFPs) (36,66%), negócios (6,66%), serviços (4,16%) e agricultura (3,34%) foi registado como subocupação dos inquiridos.

Patel (2008) referiu que o número máximo de inquiridos (52,00%) estava envolvido na agricultura, seguido da agricultura + mão de obra (14,00%), agricultura + serviços (12,66%), agricultura + criação de animais + serviços (7,34%), agricultura + outros (8,00%) e agricultura + ocupação + serviços (6,00%), respetivamente, como ocupação principal. Verificou-se que as ocupações não têm uma relação significativa e negativa com a diferença tecnológica.

Quadro 4.8: Distribuição dos inquiridos de acordo com a sua profissão

S.N.	Occupation	Type of occupation			
		Main occupation		Sub occupation	
		No.	%	No.	%
1.	Farming	116	96.66	4	3.34
2.	Agriculture labour	0	0.00	101	84.17
3.	Other labour	0	0.00	103	85.70
4.	Service	4	3.33	5	4.16
5.	Business	0	0.00	8	6.66
6.	Animal husbandry	0	0.00	62	51.67
7.	Others like (NTFPs)	0	0.00	44	36.66

*Os dados são baseados em respostas múltiplas

4.1.8. Exploração de terras

Os dados incorporados no Quadro 4.9 mostram que, dos 120 inquiridos, cerca de 56% possuíam pequenas propriedades (1,1 a 2 ha), seguidos de cerca de 32% que possuíam propriedades médias (2,1 a 4 ha), 7,51% que possuíam propriedades marginais (até 1 ha) e apenas 5% que pertenciam a grandes agricultores com mais de 4 ha.

Quadro 4.9: Distribuição dos inquiridos de acordo com a sua propriedade fundiária

S. N.	Land holding	Frequency	Percentage
1.	Marginal (up to 1 ha.)	9	7.51
2.	Small (1.1 to 2 ha.)	67	55.83
3.	Medium (2.1 to 4 ha.)	38	31.66
4.	Large (more than 4 ha.)	6	5.00

Kumar e Rathod (2013) revelaram que a maioria (65,33%) dos inquiridos pertencia a uma categoria média de propriedade fundiária, ou seja, de 4,1 a 10,00 ha. E apenas 2,67% dos inquiridos possuíam terras de grandes dimensões. Verificou-se que a posse de terra estava significativamente correlacionada com o conhecimento, a atitude e a adoção, o que significa que a posse de terra contribuía para melhorar o comportamento de adoção dos agricultores.

Os inquiridos selecionados ocuparam um total de 286,23 ha de terra (Quadro 4.10), dos quais 51,91% da área se enquadra em Alfisols (chawar), seguida de 29,00% da área coberta por Inceptisols (Goda/Chawar). Cerca de 10 e 9 por cento da área estava coberta por Vertisols (Bahara) e Entisol (Goda/Tikra), respetivamente. Esta situação fundiária pode dever-se à seleção de agricultores que cultivam grama preta como inquiridos.

Relativamente à área irrigada, o Quadro 4.10 mostra que, de uma área de 286,23 ha, apenas 36,64 ha (12,80%) foram irrigados na época kharif, dos quais 34,62 ha (12,10%) também foram irrigados na época rabi, mas a disponibilidade de irrigação restringe-se principalmente aos Alfisols e Vertisols.

Tabela 4.10: Tipo de terreno e disponibilidade de irrigação entre os inquiridos

S. N.	Type of land	Area (ha.)	(%)	Irrigated area (ha.)			
				Kharif area (ha.)	(%)	Rabi area (ha.)	(%)
1.	*Entisols* (Goda/Tikra)	26.11	9.12	0.00	0.00	0.00	0.00
2.	*Inceptisols* (Goda/Chawar)	83.00	29.00	3.04	1.06	1.01	0.35
3.	*Alfisols* (Chawar)	148.58	51.91	15.79	5.52	15.79	5.52
4.	*Vertisols* (Bahara)	28.54	9.97	17.81	6.22	17.81	6.22
	Total	286.23	100.00	36.64	12.80	34.62	12.10

4.1.9. Instalações de irrigação por fonte

No que diz respeito às instalações de irrigação, o Quadro 4.13 mostra que a maioria (61,66%) dos inquiridos dispunha de instalações de irrigação e 38,33% não dispunha de instalações de irrigação.

Relativamente à disponibilidade de fontes de irrigação, os dados (Quadro 4.13) mostram que o máximo (56,75%) dos inquiridos tinha um pequeno lago (dabri), seguido de 41,89% de inquiridos que tinham um poço para irrigação, cerca de 22% de inquiridos tinham um poço tubular e apenas 5,40% de inquiridos utilizavam água do rio para irrigação. Estas fontes de irrigação não eram utilizadas em grande escala, sendo maioritariamente utilizadas apenas para a agricultura de quintal.

Mukim (2004) descobriu que a maior cobertura de área sob irrigação era através de poço tubular (42,19%) seguido por Canal mais poço (32,81%). O canal mais o poço tubular e o tanque contribuíram com 23,44 e 1,56% da área irrigada, respetivamente.

Quadro 4.11: Distribuição dos inquiridos de acordo com a disponibilidade de irrigação na fonte

S.N.	Irrigation availability	Frequency	Percentage
a.	Available	74	61.66
b.	Un available	46	38.33
	Irrigation sources		
1.	Tube well	16	21.62
2.	Canal	0	0.00
3.	River	4	5.40
4.	Small pond (Dabri)	42	56.75
5.	Well	31	41.89

*Estas pequenas fontes são utilizadas para irrigar principalmente a agricultura de quintal (badi)

*Os dados são baseados em múltiplos inquiridos

4.1.10. Rendimento anual

Os dados compilados no Quadro 4.11 mostram o rendimento anual recebido pelos inquiridos de diferentes fontes. A tabela mostra que cerca de um por cento dos inquiridos recebe rendimentos anuais da agricultura, dos quais 35 por cento obtêm rendimentos entre 25001 e 40000 rupias. Cerca de 24% dos inquiridos obtiveram Rs. 40001-55000, 21% dos inquiridos obtiveram rendimentos até Rs. 26000 e apenas 19,17% dos inquiridos obtiveram rendimentos superiores a Rs. 55000 da agricultura como ocupação.

Cerca de 84% dos inquiridos recebiam rendimentos anuais do trabalho agrícola (como semear, transplantar, mondar, colher, etc.), dos quais cerca de 40% obtinham rendimentos até 1000 rupias, cerca de 31% recebiam rendimentos anuais entre 1001 e 2000 rupias e os restantes 20% obtinham rendimentos superiores a 2000 rupias através de actividades agrícolas.

Cerca de 86% dos inquiridos obtiveram rendimentos de outras actividades laborais (como trabalho na construção de estradas, construção de casas, etc.), dos quais cerca de 68% obtiveram rendimentos até 8000 rupias. Cerca de 41% dos inquiridos obtiveram rendimentos entre 8001 e 15000 rupias e apenas 13% obtiveram rendimentos superiores a 15000 rupias de outras actividades laborais num ano.

Cerca de 56% dos inquiridos tinham criação de animais, dos quais apenas 8% recebiam rendimentos entre 1500 e 3000 rupias e cerca de 2% obtinham rendimentos superiores a 3000 rupias com a criação de animais. A maioria (90,30%) dos agricultores que criavam animais não os utilizava para gerar rendimentos. Utilizavam os animais apenas para a lavoura, as operações agrícolas e o estrume de vaca.

Tabela 4.12: Distribuição dos inquiridos de acordo com o seu rendimento proveniente de diferentes fontes

S.N.	Source of annual income	Frequency	Per cent
1.	**Annual income from agriculture (n=120)**	**120**	**100**
	Up to Rs. 25000	26	21.66
	Rs. 25001 to Rs. 40000	42	35.00
	Rs. 40001to Rs. 55000	29	24.17
	More than Rs. 55000	23	19.17
2.	**Annual income from agri. Labour (n=101)**	**101**	**84.16**
	Up to Rs. 1000	50	49.50
	Rs. 1001 to Rs. 2000	20	19.81
	More than Rs. 2000	31	30.69
3.	**Annual income from other labour (n=103)**	**103**	**85.83**
	Up to Rs. 8000	70	67.96
	Rs. 8001 to Rs. 15000	20	19.41
	Above Rs. 15000	13	12.63
4.	**Annual income from job (n=9)**	**9**	**7.50**
	Up to Rs. 36000	3	33.33
	Rs. 36001 to Rs. 54000	1	11.11
	Rs. 54001 to Rs. 72000	3	33.33
	More than Rs. 72000	2	22.22
5.	**Annual income from Business (n=8)**	**8**	**6.66**
	Up to Rs. 50000	7	87.50
	More than Rs. 50000	1	12.50
6.	**Annual income from animal husbandry (n=62)**	**62**	**51.66**
	No income	56	90.30
	Rs. 1500-3000	5	8.00
	More than Rs. 3000	1	1.7
7.	**Annual income from other, like NTFPs (n=44)**	44	**36.66**
	Up to Rs. 1600	32	72.73
	More than Rs. 1600	12	27.27
8.	**Total annual income from different source (n=120)**		
	Low (Up to Rs. 50000)	55	45.83
	Medium (Rs. 50001 to Rs. 100000)	41	34.17
	Moderate (Rs. 100001 to Rs. 200000)	11	9.17
	High (Rs. 200001 to Rs. 300000)	8	6.66
	Very high (more than Rs. 300000)	5	4.17

Cerca de 37% dos inquiridos estavam envolvidos noutras fontes, como os PFNL, mas a maioria deles (73%) ganhava rendimentos apenas até 1600 rupias e 12% dos inquiridos ganhavam mais de 1600 rupias por ano com estas fontes.

Apenas 7,50% dos inquiridos obtiveram rendimentos do trabalho e apenas cerca de 7% dos inquiridos obtiveram rendimentos do negócio.

No que diz respeito ao rendimento anual global de todas as fontes, o Quadro 4.11 mostra que 45,83% dos inquiridos recebiam um rendimento anual até 50 000 rupias. Cerca de 34% tinham um rendimento anual médio (Rs. 50001-100000), 9,17% tinham um rendimento anual moderado (Rs. 100000-200000), 6,66% tinham um rendimento anual elevado (Rs. 200000-300000) e apenas 4,17 inquiridos tinham um rendimento anual muito elevado (acima de Rs. 300000). Estes números mostram que mais de um terço dos agricultores tribais que cultivam grama preta tinham de gerir todas as suas necessidades dentro de 1 lakh.

Patel (2008) revelou que 39,33% dos inquiridos tinham um rendimento anual entre 40001 e 60000 rupias, seguidos de 28,00% dos inquiridos que tinham um rendimento anual entre 20001 e 40 000 rupias, enquanto 17,34% dos inquiridos tinham um rendimento anual superior a 60000 rupias e 15,33% dos inquiridos tinham um rendimento anual até 20000 rupias. Os resultados indicaram claramente que o número máximo de inquiridos pertencia ao grupo de rendimento anual entre 400001 e 60000 rupias. O rendimento anual foi considerado negativamente significativo a um nível de significância de 0,05% com a diferença tecnológica.

4.1.11. Aquisição de crédito pelos inquiridos

Os dados compilados na Tabela 4.12 indicam que a maioria (87,50%) dos inquiridos adquiriu crédito e apenas 12,50% dos inquiridos não obtiveram crédito.

Do total de inquiridos que adquiriram crédito, no que diz respeito à fonte de crédito, a maioria (52,38%) dos inquiridos obteve crédito da sociedade cooperativa, 47,61% dos inquiridos obtiveram crédito do SBI e do Gramin Bank e 8% obtiveram crédito de amigos/vizinhos/familiares/outros, enquanto apenas 4% obtiveram crédito de prestamistas.

Do total de crédito adquirido pelos inquiridos, a maioria (96,19%) dos inquiridos tinha contraído um empréstimo a curto prazo, seguido de 2,85% dos inquiridos que tinham contraído um crédito a longo prazo e apenas 2% dos inquiridos tinham contraído um empréstimo a médio prazo.), dos quais 46,45% dos inquiridos obtiveram créditos entre 1001 e 2000 rupias, cerca de 24% obtiveram créditos indirectos até 1000 rupias, cerca de 22% obtiveram créditos indirectos entre 2001 e 3000 rupias e apenas 9,09% obtiveram créditos indirectos superiores a 3000 rupias de diferentes fontes.

Do total de crédito adquirido pelos inquiridos, 47,61% dos inquiridos receberam crédito em dinheiro, dos quais 60% receberam até 30000 rupias, 22% receberam 30001 a 40000 rupias, ganharam 40001 a 50000 rupias, enquanto apenas 2% dos inquiridos receberam crédito superior a 50000 rupias em dinheiro de diferentes fontes.

Quadro 4.13: Distribuição dos inquiridos de acordo com a sua aquisição de crédito

Particulars	**Frequency**	**Percentage**
Credit acquisition (n=120)		
• Not acquired	15	12.50
• Acquired	105	87.50
Source of credit (n=105)		
• SBI & Gramin bank	50	47.61
• Cooperative society	55	52.38
• Money lender	4	3.80
• Friends/Neighbours/Relative/Others	8	7.61
Duration of credit (n = 105)		
• Short term loan (6 to 18 month)	101	96.19
• Mid term loan (18 to 5 years)	3	2.85
• Long term loan (5 to 20 years)	2	1.90
Amount of credit (n=105)		

Amount of credit (n=105)		
Cash (n =50)	**50**	**47.61**
• Up to Rs. 30,000	30	60.00
• Rs. 30,001 to Rs. 40,000	11	22.00
• Rs. 40001 to Rs. 50000	8	16.00
• More than Rs. 50000	1	2.00
Kind (n =55)	**55**	**52.38**
• Up to Rs. 1000	13	23.63
• Rs. 1001 to Rs. 2000	25	45.45
• Rs. 2001 to Rs. 3000	12	21.81
• More than Rs.3000	5	9.09
Utilization of credit (n =105)		
• Purchasing of fertilizer	48	45.71
• Purchasing of pesticides & herbicides	39	37.14
• Purchasing of machinery	5	4.76
• Purchase of land	2	1.90
• Repayment of old credited	27	25.71
• Purchase of Seed	45	42.85
• Sowing & transplanting	34	32.38
Mode of repayment (n=105)		
• Cash	101	96.19
• Kind	4	3.81

No que diz respeito à utilização do crédito pelos inquiridos, verificou-se que 45,71% dos inquiridos utilizaram o crédito para a compra de fertilizantes, seguidos de 42,85% dos inquiridos que utilizaram o crédito para a compra de sementes, 37,14% dos inquiridos que adquiriram pesticidas e herbicidas através de empréstimos, 32,38% dos inquiridos que utilizaram o crédito na sementeira e transplantação, 25,71% dos inquiridos que o utilizaram para o reembolso de empréstimos antigos. Cerca de 8 e 2 por cento dos inquiridos utilizaram o montante do crédito para a compra de máquinas e de terrenos, respetivamente.

No que respeita ao modo de reembolso do crédito obtido, a maioria (96,19%) dos inquiridos reembolsou o crédito em dinheiro, enquanto os restantes 4% reembolsaram o crédito em espécie.

Patel (2008) verificou que a aquisição de crédito foi analisada e que 89,33% dos inquiridos tinham adquirido crédito de curto prazo, 41,00% dos inquiridos utilizaram a sociedade cooperativa como fonte de crédito e a maioria dos inquiridos (82,09%) acreditava que a disponibilidade de crédito era muito fácil e rápida. Além disso, Singh et al. (2012) observaram uma associação não significativa entre o comportamento de crédito e o nível de conhecimento e a adoção de tecnologia de produção de feijão traça.

4.1.12. Fonte de informação

Os dados relativos à utilização de fontes de informação para obter informações sobre a tecnologia de produção da grama preta estão incorporados no Quadro 4.14. Os resultados revelaram que a maioria (98,33%) dos inquiridos obteve informações sobre o cultivo da grama preta junto de amigos e vizinhos, seguidos de 97,50% que recorreram ao funcionário da extensão agrícola rural (RAEO). Cerca de 97% dos inquiridos obtiveram informações junto de familiares, 75% junto do Senior Agriculture Development Officer (SADO) e 74,16% junto de retalhistas agrícolas. Para além das fontes supramencionadas, cerca de 47% dos inquiridos receberam informações da kisan mitra, 35,85% da tarifa dos agricultores, 20% de programas de formação, 19,16% do sarpanch/panch e de agricultores progressistas, 15% da televisão e 12,50% da rádio. Poucos inquiridos recorreram também a outras fontes de informação, como exposições, revistas de agricultura e cientistas agrícolas, como referido por 8,33%, 4,16% e 3,33% dos inquiridos, respetivamente. Apenas 2,50 por cento dos inquiridos obtiveram informações sobre o cultivo da grama preta através de jornais. Estes números mostram que os agricultores tribais que cultivam a grama preta ainda dependem de fontes pessoais para receber informações sobre a sua tecnologia de produção.

No que diz respeito à credibilidade das fontes de informação utilizadas pelos inquiridos, os dados compilados no Quadro 4.14 mostram que os cientistas agrícolas e a formação são fontes de informação totalmente credíveis para os inquiridos. Os Técnicos Superiores de Desenvolvimento Agrícola (SADOs) e os Técnicos de Extensão Agrícola Rural (RAEOs) tinham mais de 95% de credibilidade entre os inquiridos. Os agricultores progressistas, a televisão e a rádio também foram fontes bem credíveis entre os inquiridos, com 93,48, 91,67 e 90% de credibilidade, respetivamente. Outras fontes, como a loja agrícola, obtiveram 88,33%, a exposição 85% e os jornais 83,33% de credibilidade entre os inquiridos. As fontes de informação mais utilizadas, como amigos e vizinhos, familiares, sarpanch/panch, farmer's fare e kisan mitra, obtiveram 73,31, 72,84, 65,22 e 36% de credibilidade, respetivamente. As revistas agrícolas obtiveram 51,79% de credibilidade como fontes de informação.

Quadro 4.14: Fontes de informação para a tecnologia de produção de grama preta

S.N	Source of information	Seeking information		Credibility of source			Credibility (%)	Rank
				Complete	Partial	Nil		
		f	(%)	(%)	(%)	(%)		
1	Friend & Neighbors	118	98.33	46.61	53.39	0	73.31	X
2	Relative	116	96.66	45.69	54.31	0	72.84	XI
3	Progressive farmer	23	19.16	86.96	13.04	0	93.48	IV
4	Sarpanch/panch	23	19.66	30.43	69.57	0	65.22	XII
5	RAEOs	117	97.50	93.16	6.84	0	96.58	III
6	SADOs	90	75.00	96.67	3.33	0	98.33	II
7	Agriculture scientist	4	3.33	100.0	0.00	0	100.00	I
8	Agriculture store	89	74.16	76.40	23.60	0	88.20	VII
9	News paper	3	2.50	66.67	33.33	0	83.33	IX
10	Agriculture mag.	5	4.16	80.00	20.00	0	36.00	XV
11	Radio	15	12.50	80.00	20.00	0	90.00	VI
12	Television	18	15.00	83.33	16.67	0	91.67	V
13	Kisan mela	43	35.83	41.86	58.14	0	70.93	XIII
14	Exhibition	10	8.33	70.00	30.00	0	85.00	VIII
15	Training	24	20.00	100.00	0.00	0	100.00	I
16	Kisan mitra	56	46.66	3.57	96.43	0	51.79	XIV

f*= Frequência

Shakhya et al. (2008) constataram que a utilização das fontes de informação era o fator importante que tinha um efeito direto e indireto nos conhecimentos dos produtores de grão-de-bico. Verificou-se que a utilização das fontes de informação contribuía significativamente para os conhecimentos sobre a tecnologia de produção do grão-de-bico.

4.1.13. Contacto com o pessoal da extensão

Os dados relativos ao contacto com o pessoal da extensão (Tabela 4.15) mostram que 63,33% dos inquiridos contactam frequentemente com os Responsáveis pela Extensão Agrícola Rural (RAEOs). Apenas 2% dos inquiridos tinham contacto com os Técnicos Superiores de Desenvolvimento Agrícola (SADOs), e os Especialistas em Assuntos Específicos (SMS) e os Cientistas Agrícolas não eram contactados com frequência ou regularmente pelos inquiridos.

No que diz respeito ao contacto ocasional com o pessoal da extensão, o máximo (73,34%) dos inquiridos teve contactos com os SADOs, seguidos de 34,16% dos inquiridos que contactaram com os RAEOs, 31,66% dos inquiridos que contactaram com os SMSs, e apenas 3,34% dos inquiridos tiveram contactos ocasionais com cientistas agrícolas.

Cerca de 97% dos inquiridos nunca foram contactados por cientistas agrícolas, seguidos de 68,34% que nunca foram contactados por SMS. Um quarto dos inquiridos nunca foi contactado por ADOs, enquanto apenas 2,51% dos inquiridos nunca foram contactados por RAEOs.

Tabela 4.15: Distribuição dos inquiridos de acordo com o seu contacto com o pessoal da extensão

S.N.	Extension personnel	Extent of contact							
		Never		Sometimes		Often		Regular	
		f	%	f	%	f	%	f	%
1.	Rural agriculture extension officer	3	2.51	41	34.16	76	63.33	0	0
2.	Senior agriculture development officer	30	25	88	73.34	2	1.66	0	0
3.	Subject matter specialist	82	68.34	38	31.66	0	0	0	0
4.	Agriculture scientist	116	96.66	4	3.34	0	0	0	0

f*= frequência, *Os dados baseiam-se em respostas múltiplas

Patel (2008) revelou que menos de três quartos dos inquiridos (69,33%) tinham um nível médio de contacto com a extensão, seguido de 20,00 por cento dos inquiridos que tinham um nível baixo de contacto com a extensão, enquanto apenas 10,67 por cento dos inquiridos tinham um nível elevado de contactos com a extensão. O coeficiente de correlação e a análise de regressão múltipla mostram que o contacto com a extensão é negativamente significativo em relação à lacuna tecnológica na tecnologia de produção de soja recomendada.

4.1.14. Orientação científica

Relativamente à orientação científica dos inquiridos, os dados compilados na Tabela 4.16 mostram que 75% dos inquiridos tinham um nível médio (23 a 29 pontos) de orientação científica, seguidos de 13,34% de inquiridos com um nível baixo (menos de 23 pontos) de orientação científica e apenas cerca de 12% de inquiridos com um nível elevado (mais de 29 pontos) de orientação científica.

Shakhya et al. (2008) revelaram que a orientação científica era um fator importante que tinha um efeito direto e indireto nos conhecimentos dos produtores de grão-de-bico. O coeficiente de correlação e a análise do coeficiente de regressão "b" revelam uma relação positiva e significativa com o nível de conhecimentos dos produtores de grão-de-bico.

Quadro 4.16: Distribuição dos inquiridos de acordo com a sua orientação científica

S. N.	level of scientific orientation	Frequency	Per cent
1.	low level (less than 23 score)	16	13.34
2.	Medium level (23 to 29 score)	90	75.00
3.	High level (more than 29 score)	14	11.66

$\overline{X}$= 26.06 SD= 2.93

4.1.15. Orientação para o risco

No que se refere à orientação para o risco, os dados apresentados na Tabela 4.17 mostram que a maioria (86,66%) dos inquiridos tinha um nível médio (19 a 23 pontos) de orientação para o risco, seguido de 10,884% com um nível baixo (menos de 19 pontos) de orientação para o risco, enquanto apenas 2,50% dos inquiridos tinham um nível elevado (mais de 23 pontos) de orientação para o risco.

Singh et al. (2012) verificaram que a orientação para o risco estava significativamente associada ao nível de conhecimentos e ao grau de adoção da tecnologia de produção de feijão-mungo.

Quadro 4.17: Distribuição dos inquiridos de acordo com a sua orientação para o risco

S. N.	level of Risk orientation	Frequency	Per cent
1.	Low level (less than 19 score)	13	10.84
2.	Medium level (19 to 23 score)	104	86.66
3.	High level (more than 23 score)	3	2.50

$\overline{X}$= 20.90 SD= 1.94

4.1.16. Conhecimentos sobre a tecnologia de produção de grama preta

Para determinar o nível de conhecimentos dos inquiridos sobre a tecnologia de produção da grama preta, foi elaborado um índice de conhecimentos. Os dados compilados no quadro 4.18 mostram que os inquiridos tinham mais conhecimentos (99,58%) sobre a época de sementeira da grama preta. Também se registou um bom nível de conhecimentos sobre a preparação da terra (92,92%), o armazenamento (84,17%), o método de sementeira (70,00%), a taxa de sementes (56,25%) e a adequação do solo (50,00%) para o cultivo da grama preta. O conhecimento sobre estrume e fertilizantes (37,92%), controlo de ervas daninhas (35,83%) e irrigação (35,42%) foi considerado de baixo nível. O nível de conhecimento sobre as práticas de controlo de insectos (20,83%), tratamento de sementes (15,83%) e variedades melhoradas (15,00%) é fraco. Curiosamente, o nível de conhecimento sobre o controlo de doenças na grama preta foi nulo.

Os dados relativos às lacunas de conhecimento estão compilados no Quadro 4.18. Verificou-se que a maior lacuna de conhecimento existe no controlo de doenças (100%), seguido de variedade melhorada (85,00%), tratamento de sementes (84,17%), controlo de insectos (79,17%), irrigação (64,58%), controlo de ervas daninhas (64.17%), estrume e fertilizante (62,08%), adequação do solo (50,00%), taxa de sementes (43,75%), método de sementeira (30,00%), armazenamento (15,83%), preparação do terreno (7,08%), tempo de sementeira (0,42), respetivamente. Em termos globais, verificou-se uma lacuna de conhecimentos de 52,79% no que respeita às 13 práticas cumulativas de cultivo da grama preta.

Patel (2008) revelou que, do total de inquiridos, quase três quartos dos inquiridos (74,00%) tinham um nível médio de conhecimentos sobre a tecnologia de produção de soja recomendada, enquanto 16,00 por cento e 10,00 por cento dos inquiridos tinham um nível baixo e alto de conhecimentos, respetivamente.

Quadro 4.18: Distribuição dos inquiridos de acordo com as suas lacunas de conhecimento sobre a tecnologia de produção de grama preta

S. N.	Practice	Knowledge level (%)	Rank	Knowledge gap (%)	Rank
1	Suitability of soil	50.00	VI	50.00	VIII
2	Preparation of land	92.92	II	7.08	XII
3	Time of sowing	99.58	I	0.42	XIII
4	Seed rate	56.25	V	43.75	IX
5	Improved variety	15.00	XII	85.00	II
6	Seed treatment	15.83	XI	84.17	III
7	Method of sowing	70.00	IV	30.00	X
8	Manure & Fertilizer	37.92	VII	62.08	VII
9	Weed control	35.83	VIII	64.17	VI
10	Irrigation	35.42	IX	64.58	V
11	Insect control	20.83	X	79.17	IV
12	Disease control	0.00	XIII	100.00	I
13	Storage	84.17	III	15.83	XI
Overall knowledge gap = 52.79%					

*Os dados são baseados em respostas múltiplas

4.2. Variável dependente

Lacuna tecnológica na adoção da tecnologia de produção recomendada para a grama preta

4.2.3. Grau de adoção da tecnologia de produção de grama preta em função das práticas

Quadro 4.19: Distribuição dos inquiridos de acordo com o seu nível de adoção sobre a adequação e a preparação da terra para o cultivo da grama preta

S. N.	Practice	Frequency	Per cent
1.	**Use of land**		
	Entisols (Goda-tikra)	85	70.83
	*Inceptisols (*Goda-Chawar)	35	29.17
2.	**Preparation of land**		
	1-2 Ploughing	9	7.50
	2-3 Ploughing	71	59.17
	3-4 Ploughing	31	25.83
	4-5 Ploughing	9	7.50

*Os dados são baseados em respostas múltiplas

4.2.1.1 Adequação e preparação da terra: Os dados apresentados no Quadro 4.19 mostram que, no que diz respeito à adequação da terra, a maioria (70,83%) dos inquiridos utilizou Entisols (solo Goda-tikra), seguido de 29,17% de inquiridos que adoptaram Inceptisols (solo Goda-chwar) para o cultivo de grama preta.
4.2.1.2 Época de sementeira e taxa de sementes de grama preta: No que diz respeito à época de sementeira, os dados (Tabela 4.20) revelaram que a maioria (69,17%) dos inquiridos concluíram a sementeira de grama preta entre 15 de julho e 15 de agosto, seguidos de 25,83% de inquiridos que semearam até 15 de julho e apenas 1% de inquiridos que semearam grama preta depois de 15 de agosto.

Quadro 4.20: Distribuição dos inquiridos de acordo com o seu nível de adoção da tecnologia de sementeira e da taxa de sementes para a cultura da grama preta

1.	**Time of sowing**	Frequency	Per cent
	Up to 15 July	31	25.83
	After 15 August	6	5.00
	15 July to 15 August	83	69.17
2.	**Seed rate (kg/ha.)**		
	Up to 15 kg	7	5.83
	15.1 to 30 kg	99	82.50
	More than 30 kg	14	11.67

*Os dados são baseados em respostas múltiplas

No que diz respeito à taxa de sementes (Quadro 4.20), a maioria (82,50%) dos inquiridos utilizou uma taxa de sementes de 15,1 a 30 kg/ha, seguida por 11,67% dos inquiridos que utilizaram mais de 30 kg/ha de sementes, enquanto apenas 6% dos inquiridos utilizaram uma taxa de sementes até 15 kg/ha para o cultivo de grama preta.

4.2.1.2 Adoção de variedades de grama preta, método de sementeira e tratamento de sementes: No que diz respeito à adoção de variedades de grama preta, a tabela 4.21 mostra que a maioria (80,33%) dos entrevistados usaram variedades deshi (desconhecidas / locais), seguidas por 10,00 por cento dos entrevistados usaram a variedade Shekhar-1, 10 por cento dos entrevistados usaram a variedade TU-94-2, 9,17 por cento usaram a variedade Dashhari (Local), restando apenas cerca de 2 por cento dos entrevistados adotaram a variedade Karhani (Local) de grama preta.

Uma análise mais aprofundada dos dados no Quadro 4.21 mostra a adoção do tratamento de sementes, a maioria (80,00%) dos inquiridos não utilizou tratamentos de sementes, os restantes 20% trataram as sementes com cultura de Rhizobium e apenas cerca de 2% dos inquiridos trataram as sementes de grama preta com thiram.

No que diz respeito ao método de sementeira, os dados (Quadro 4.21) mostram que a maioria (67,50%) dos inquiridos utilizou o método de difusão, seguido de 32,50% de inquiridos que utilizaram o método de sementeira em linha (atrás da charrua) para o cultivo da grama preta.

Quadro 4.21: Distribuição dos inquiridos de acordo com a adoção de variedade, tratamento de sementes e método de sementeira para o cultivo de grama preta

1.	**Variety**	**Frequency***	**Per cent**
	Shekhar-1	12	10.00
	TU-94-2	11	9.17
	Dashhari (Local)	12	10.00
	Karhani (Local)	2	1.67
	Deshi (unknown/local name)	97	80.83
2.	**Seed treatment**		
	Not Treatment	96	80.00
	With Thiram	2	1.67
	With Rhizobium	24	20.00
3.	**Sowing method**		
	Broadcasting	81	67.50
	Line sowing	39	32.50

*Os dados são baseados em respostas múltiplas

4.2.1.3 Adoção de estrume e fertilizantes no cultivo de grama preta

No que diz respeito à aplicação de estrume e fertilizantes no cultivo de grama preta, o Quadro 4.22 indica que a maioria (48,33%) dos inquiridos utilizou até 800 kg/ha de estrume, enquanto uma boa parte dos inquiridos (35,83%) não utilizou estrume. Cerca de 16% dos inquiridos utilizaram mais de 800 kg/ha de estrume.

No que diz respeito à aplicação de azoto, os dados do Quadro 4.22 indicam que a maioria (85,83%) dos inquiridos não utilizou fertilizantes azotados, 8,33% utilizaram azoto até 6 kg/ha, enquanto apenas 6% utilizaram mais de 6 kg/ha de azoto através de fertilizantes para o cultivo de grama preta.

No que diz respeito à aplicação de fertilizantes de fósforo, os dados compilados no quadro 4.22 mostram que cerca de 72% dos inquiridos não utilizavam fertilizantes de fósforo, cerca de 22% dos inquiridos utilizavam até 10 kg/ha de fósforo através de fertilizantes, enquanto apenas 7% dos inquiridos utilizavam mais de 10 kg/ha.

No que diz respeito à aplicação de potássio na cultura da grama preta, a Tabela 4.22 mostra que o máximo (96,67%) dos inquiridos não utilizava potássio, seguido de cerca de 2% dos inquiridos que utilizavam potássio até 3 kg/ha através de fertilizantes, restando apenas cerca de 2% dos inquiridos que utilizavam potássio acima de 3 kg/ha através de fertilizantes para a cultura da grama preta.

Quadro 4.22: Distribuição dos inquiridos de acordo com o seu nível de adoção da tecnologia de adubo e fertilizante para a cultura da grama preta

S. N.	Particulars		
1.	**Manure (kg/ha.)**	**Frequency**	**Per cent**
	Not Use	43	35.83
	up to 800 Kg	58	48.33
	More than 800 Kg	19	15.83
2.	**Nitrogen (kg/ha.)**		
	Not use	103	85.83
	Up to 6 kg	10	8.33
	More than 6 kg	7	5.83
3.	**Phosphorus (kg/ha.)**		
	Not Use	86	71.67
	Up to 10 kg	26	21.67
	More than 10 kg	8	6.67
4.	**Potassium (kg/ha.)**		
	Not Use	116	96.67
	Up to 3 kg	2	1.67
	More than 3 Kg	2	1.67

*Os dados são baseados em respostas múltiplas

4.2.1.4 Adoção de irrigação no cultivo de grama preta: Em contraste com a necessidade de irrigação em diferentes estágios do cultivo de grama preta, a Tabela 4.23 mostra que por cento dos entrevistados não estavam aplicando irrigação na grama preta.

Quadro 4.23: Distribuição dos inquiridos de acordo com o seu nível de adoção da tecnologia de irrigação necessária para a cultura da grama preta

1.	Irrigation requirement in different stage	Frequency	Per cent
	No irrigation	120	100

4.2.1.5 Adoção de medidas de controlo de ervas daninhas, pragas de insectos e doenças no cultivo de grama preta: No que diz respeito ao controlo de ervas daninhas na cultura da grama preta, o Quadro 4.24 indica que a maioria (90,00%) dos inquiridos não adoptou qualquer medida de controlo de ervas daninhas, 9,17% utilizaram a monda manual, enquanto apenas 1% dos inquiridos adoptou produtos químicos para o controlo de ervas daninhas.

No que diz respeito ao controlo de insectos no cultivo da grama preta, o Quadro 4.25 mostra que a maioria (91,67%) dos inquiridos não adoptou qualquer medida de controlo de insectos, 5% utilizaram Hamla (5% cloropirifos+50% cipermetrina), 2.50% utilizaram Rocket (50% cloropirifos + 3% cipermetrina), cerca de 2% utilizaram inseticida à base de Neem, cerca de 1% utilizaram Bilbo (50% cloropirifos + 5% cipermetrina), enquanto cerca de 1% adoptaram Phalidal (isómero BHC).

Quadro 4.24: Distribuição dos inquiridos de acordo com o seu nível de adoção da tecnologia de gestão integrada da cultura da grama preta

1.	Weed control	Frequency	Per cent
	Not use any control method	108	90.00
	By Hand	11	9.17
	By chemical	1	0.83

2.	**Insect control**		
	Not use any control method	110	91.67
	Hamla (5%chloropyriphos+50 Cypermethrin)	6	5.00
	Bilbo(50%chloropyriphos+5 Cypermethrin	0	0.00
	Neem based insecticide	1	0.83
	Phalidal (BHC Isomer)	0	0.00
	Rocket (50%chloropyriphos+3% Cypermethrin)	3	2.50
3.	**Disease control**		
	Not use any control method	120	100

*Os dados são baseados em respostas múltiplas

No que diz respeito à adoção de medidas de controlo de doenças, o quadro 4.31 descreve que nenhum inquirido utilizava qualquer método de controlo de doenças na cultura da grama preta.

4.2.1.6 Adoção de medidas para o armazenamento de grama preta: No que diz respeito ao armazenamento de sementes de grama preta, a tabela 4.25 mostra que 65% dos inquiridos adoptaram a secagem das sementes antes do armazenamento, os restantes 35% dos inquiridos armazenaram as sementes diretamente.

Quadro 4.25: Distribuição dos inquiridos de acordo com o seu nível de adoção da armazenagem de grama preta

S No	Storage	Frequency	Per cent
1	Dry before storage	78	65
2	Direct Storage	42	35

4.2.2. Adoção de tecnologias e lacunas

A extensão do índice de adoção está compilada na Tabela 4.26. A maior adoção foi encontrada no momento da semeadura (97,50%), seguida pela preparação da terra (83,33%), armazenamento (76,25%), adequação do solo (64,58%), taxa de sementes (57,50%) e método de semeadura (50,00%). A adoção de outras práticas importantes, como a variedade melhorada e o estrume e fertilizante, foi de apenas 34,17% e 36,67%, respetivamente.

Verificou-se um baixo nível de adoção no que se refere ao tratamento de sementes (10,00%), ao controlo de insectos (6,25%) e ao controlo de ervas daninhas (3,75%). Não se verificou qualquer adoção no caso da irrigação e das medidas de controlo de doenças.

No que diz respeito às lacunas tecnológicas, o Quadro 4.26 mostra que foram registadas lacunas tecnológicas totais no controlo de doenças e na gestão da irrigação. Também foram encontradas lacunas elevadas na adoção do controlo de ervas daninhas (96,25%), controlo de insectos (93,75%), tratamento de sementes (90,00%), estrume e fertilizante (65,83%), variedade melhorada (63,33%) e método de sementeira (50,00%). Registou-se uma lacuna bastante baixa na adoção da taxa de sementes (42,50%), adequação do solo (35,42%), armazenamento (23,75%), preparação da terra (16,67%) e tempo de sementeira (2,50%). Em termos globais, verificou-se uma lacuna tecnológica de 60,1%, tendo em conta as 13 práticas de cultivo da grama preta.

Kumar e Rathod (2013) revelaram que a maioria dos agricultores (62,67%) estava incluída na categoria média de adoção das tecnologias recomendadas para a soja, seguida pelos agricultores (20,00%) pertencentes à categoria alta de adoção, enquanto apenas 17,33% dos agricultores tinham um baixo nível de adoção da tecnologia recomendada para a soja.

Patel (2008) revelou que a maioria (74,00%) dos inquiridos tinha um nível médio de lacuna tecnológica, ao passo que apenas 10,00% dos inquiridos tinham um nível baixo de lacuna tecnológica, enquanto 16,00% dos inquiridos tinham um nível elevado de lacuna tecnológica sobre a tecnologia de produção de soja recomendada.

Tabela 4.26: Distribuição dos inquiridos de acordo com a adoção de tecnologia e a lacuna na tecnologia de cultivo de grama preta

S.N.	Practice	Technology adoption level (%)	Rank	Technology adoption gap (%)	Rank
1.	Suitability of soil	64.58	IV	35.42	IX
2.	Preparation of land	83.33	II	16.67	XI
3.	Time of sowing	97.50	I	2.50	XII
4.	Seed rate	57.50	V	42.50	VIII
5.	Improved variety	36.67	VII	63.33	VI
6.	Seed treatment	10.00	IX	90.00	IV
7.	Method of sowing	50.00	VI	50.00	VII
8.	Manure & Fertilizer	34.17	VIII	65.83	V
9.	Weed control	3.75	XI	96.25	II
10.	Irrigation	0.00	XII	100.00	I
11.	Insect control	6.25	X	93.75	III
12.	Disease control	0	XIII	100.00	I
13.	Storage	76.25	III	23.75	X
Overall technological gap = 60.1 %					

*Os dados são baseados em respostas múltiplas

4.3. Análise de correlação das variáveis independentes com a lacuna tecnológica na adoção da tecnologia de produção recomendada para a grama preta

Os dados (Quadro 4.27) revelaram que a participação na extensão, a propriedade fundiária, o rendimento anual, a aquisição de crédito, a fonte de informação, o contacto com o pessoal da extensão e o nível de conhecimento da tecnologia de produção recomendada para a cultura da gramínea negra estão significativamente correlacionados com a diferença tecnológica na produção da tecnologia de produção da gramínea negra ao nível de probabilidade de 0,01, dos quais apenas a ocupação está positiva e significativamente correlacionada com a diferença tecnológica. Isto significa que a lacuna tecnológica na adoção da tecnologia de produção recomendada para a gramínea negra diminui com o aumento da participação na extensão, da propriedade fundiária, do rendimento anual, da aquisição de crédito, da fonte de informação, do contacto com o pessoal da extensão e do nível de conhecimentos sobre a tecnologia de produção recomendada para a gramínea negra.

Quadro 4.27: Coeficiente de correlação das variáveis independentes com a lacuna tecnológica na adoção da tecnologia de produção recomendada para a grama preta

S.N.	Independent variables	Coefficient of correlation "r" value
1.	Age	-0.058NS
2.	Education	-0.047NS
3.	Family size	-0.006NS
4.	Social participation	-0.050NS
5.	Extension participation	-0.434**
6.	Farming experience	-0.128NS
7.	Occupation	0.381**
8.	Land holding	-0.338**
9.	Annual income	-0.445**
10.	Credit acquisition	-0.363**
11.	Irrigation facility	0.012NS

12.	Source of information	-0.266**
13.	Contact with extension personnel	-0.597**
14.	Scientific orientation	-0.162NS
15.	Risk orientation	-0.112NS
16.	Knowledge level	-0.702**

** Significativo ao nível de probabilidade de 0,01 (0,232)
* Significativo ao nível de probabilidade de 0,05 (0,178)
NS = Não significativo

A idade, a educação, a dimensão da família, a participação social, a experiência agrícola, a facilidade de irrigação, a orientação científica e a orientação para o risco não estão significativamente correlacionadas com a lacuna tecnológica na adoção da tecnologia de produção recomendada para a grama preta

4.4. Análise de regressão múltipla de variáveis independentes com hiato tecnológico na adoção da tecnologia de produção recomendada para a grama preta

Os dados apresentados no quadro 4.28 revelam que, das dezasseis variáveis em estudo, duas variáveis, nomeadamente o contacto com o pessoal da extensão e o nível de conhecimentos, contribuíram de forma significativa para o fosso tecnológico a um nível de probabilidade de 0,01. Ao passo que a idade, a educação, a dimensão da família, a participação social, a participação na extensão, a experiência agrícola, a ocupação, a propriedade da terra, o rendimento anual, a aquisição de crédito, a facilidade de irrigação, as fontes de informação, a orientação científica e a orientação para o risco mostraram uma contribuição não significativa para a lacuna tecnológica na adoção da tecnologia de produção recomendada para a grama preta.

Tabela 4.28: Análise de regressão múltipla das variáveis independentes com a lacuna tecnológica na adoção da tecnologia de produção recomendada para a grama preta

S.N.	Variables	"t' value	Regression coefficient "b" value
1.	Age	1.146	0.082 NS
2.	Education	1.031	0.375 NS
3.	Family size	-0.190	-0.125 NS
4.	Social participation	0.087	0.118 NS
5.	Extension participation	-1.165	-0.532 NS
6.	Farming experience	-0.858	-0.066 NS
7.	Occupation	1.464	1.246 NS
8.	Land holding	-0.282	-0.098 NS
9.	Annual income	-1.388	-0.763 NS
10.	Credit acquisition	-0.564	-0.618 NS
11.	Irrigation facility	1.271	0.753 NS
12.	Source of information	1.743	0.404 NS
13.	Contact with extension personnel	-4.690	-2.709**
14.	Scientific orientation	-1.535	-0.103 NS
15.	Risk orientation	-0.002	0.006 NS
16.	Knowledge level	-5.986	-0.337**

** Significativo ao nível de 0,01 de probabilidade (valor=2,617) $R^2 = 0,657$
* Significativo ao nível de 0,05 de probabilidade (valor=1,98) Valor F de R = 12,37 NS = Não significativo

As conclusões indicaram ainda que as variáveis independentes, no seu conjunto, tinham 65,7% de capacidade de previsão do défice tecnológico na produção de grama preta. Isto mostra que, se quisermos reduzir a lacuna tecnológica na produção de grama preta na área de estudo, temos de dar a devida atenção ao aumento dos conhecimentos dos agricultores, aumentando o seu contacto com o pessoal da extensão. Embora as outras variáveis, individualmente, não apresentem uma contribuição significativa, o valor R^2 da análise de regressão múltipla mostra claramente que estas variáveis tiveram uma contribuição impressionante para o défice tecnológico, sobretudo quando foram reunidas num modelo.

4.5. Constrangimentos enfrentados pelos produtores tribais de grama preta na adoção das práticas recomendadas de cultivo de grama preta

Foram obtidas respostas múltiplas para determinar os constrangimentos enfrentados pelos agricultores tribais na adoção da tecnologia de produção recomendada para a grama preta. Os vários problemas são apresentados no Quadro 4.29, que indica que a maioria (65,83%) dos inquiridos enfrentou o problema da falta de conhecimentos sobre a variedade melhorada, seguido de 40.83% dos inquiridos enfrentaram o problema da falta de conhecimento sobre fertilizantes e a sua quantidade e tempo exactos de aplicação e falta de conhecimento sobre pesticidas e a sua quantidade exacta de aplicação, cerca de 38% dos inquiridos enfrentaram o problema da indisponibilidade de um canal de comercialização governamental para a grama preta, cerca de 32% dos inquiridos enfrentaram o constrangimento de não serem organizadas formações e outras actividades para a grama preta, cerca de 28% dos inquiridos enfrentaram o problema da indisponibilidade de uma variedade melhorada no momento adequado, cerca de 27% dos inquiridos tiveram o problema de o governo não propor um preço mínimo de apoio para a grama preta, 25.00 por cento dos inquiridos enfrentaram problemas de irrigação, 22,50 por cento dos inquiridos enfrentaram problemas de falta de conhecimento sobre a tecnologia de produção recomendada para a grama preta, 21,67 por cento dos inquiridos enfrentaram problemas de mão de obra, cerca de 17 por cento dos inquiridos tiveram constrangimentos por não terem incentivado o cultivo da grama preta, 8,33 por cento dos inquiridos enfrentaram problemas de indisponibilidade de cultura de Rhizobium na altura certa, e cerca de apenas 7 por cento dos inquiridos enfrentaram problemas de indisponibilidade de fertilizantes e pesticidas na altura certa.
Kumar et al. (2010) revelaram que os principais constrangimentos enfrentados pelos produtores de leguminosas eram a não disponibilidade de sementes de variedades melhoradas, estrume e fertilizantes a tempo, a falta de conhecimentos sobre o controlo de ervas daninhas e a ausência de um mercado regulamentado para a venda.

Quadro 4.29: Constrangimentos na adoção da tecnologia de produção recomendada para a grama preta

S. N.	Constraints	Frequency	Per cent
1.	Lack of knowledge about improved variety	79	65.83
2.	Non- availability of improved variety at appropriate time	34	28.33
3.	Lack of knowledge about fertilizer and its accurate quantity & time for application	49	40.83
4.	Lack of knowledge about pesticides and its accurate quantity for application	49	40.83
5.	Non- availability of fertilizer at appropriate time	8	6.67
6.	Lack of knowledge about recommended production technology of black gram	27	22.50
7.	Non- availability of *Rhizobium* culture at appropriate time	10	8.33
8.	Irrigation problem	30	25.00
9.	Non-availability of government marketing channel for black gram	45	37.50
10.	Government is not purchasing in minimum support price of black gram	32	26.66
11.	Training and other activities is not organized	38	31.66
12.	Non-providing encouragement for black gram cultivation	20	16.66
13.	Labour problem	26	21.67

Frequência baseada em respostas múltiplas

4.6. Sugestão dada pelos inquiridos para ultrapassar os constrangimentos na adoção da tecnologia de produção recomendada para a grama preta

Foram obtidas respostas múltiplas para determinar as sugestões dadas pelos agricultores tribais na adoção da tecnologia de produção recomendada para a grama preta. As várias sugestões são apresentadas no Quadro 4.30, que indica que a maioria (65,83%) dos inquiridos sugeriu que lhes fosse fornecido conhecimento sobre a variedade melhorada, seguido de 40.83% dos inquiridos sugeriram, em relação ao problema, que lhes fosse fornecido conhecimento sobre fertilizantes e a sua quantidade exacta e tempo de aplicação e que lhes fosse fornecido conhecimento sobre pesticidas e a sua quantidade exacta para aplicação, cerca de 38% dos inquiridos sugeriram que lhes fosse fornecido um canal de comercialização governamental para a grama preta, cerca de 32% dos inquiridos sugeriram que fosse organizada formação e outras actividades para a grama preta, cerca de 28% dos inquiridos sugeriram que lhes fosse fornecida uma variedade melhorada no momento apropriado, cerca de 27% dos inquiridos sugeriram que o governo propusesse um preço mínimo de apoio para a grama preta, 25.00 por cento dos inquiridos sugeriram a disponibilização de instalações de irrigação, 22,50 por cento dos inquiridos sugeriram a disponibilização de conhecimentos sobre a tecnologia de produção recomendada para a grama preta, cerca de 17 por cento dos inquiridos sugeriram o encorajamento do cultivo da grama preta, 8,33 por cento dos inquiridos sugeriram a disponibilização da cultura de Rhizobium no momento adequado, sendo que apenas cerca de 7 por cento dos inquiridos sugeriram a disponibilização de fertilizantes e pesticidas no momento adequado.

Quadro 4.30: Sugestões recebidas para uma maior adoção da tecnologia de produção recomendada para a grama preta

S. N.	Suggestions	Frequency	Per cent
1.	Provide knowledge about improved variety	79	65.83
2.	provide improved variety at appropriate time	34	28.33
3.	Give knowledge about fertilizer and its accurate quantity & time for application	49	40.83
4.	Give knowledge about pesticides and its accurate quantity for application	49	40.83
5.	Provide fertilizer at appropriate time	8	6.67
6.	Give knowledge about recommended production technology of black gram	27	22.50
7.	Provide *Rhizobium* culture at appropriate time	10	8.33
8.	Provide irrigation facility	30	25.00
9.	Provide government marketing channel for black gram	45	37.50
10.	Purpose minimum support price for black gram	32	26.66
11.	Organized training and other activities for black gram	38	31.66
12.	Give encouragement for black gram cultivation	20	16.66
13.	Solve labour problem	26	21.67

*Frequência baseada em respostas múltiplas

CAPÍTULO 5

RESUMO, CONCLUSÃO E SUGESTÕES PARA FUTUROS TRABALHOS DE INVESTIGAÇÃO

Em Chhattisgarh, a grama-preta é cultivada numa área de 177,77 mil ha, com uma produção de 73,51 lakh toneladas no ano de 2011. Raigarh ocupa a 1.ªposição na área de cultivo de 17,30 mil ha, com uma produção de 4 mil toneladas métricas, Surguja conta 14,81 mil ha, com uma produção de 4,01 toneladas métricas, seguida do distrito de Jashpur, com uma área de 14,42 mil ha e uma produção de 5,11 toneladas métricas. A produtividade da grama preta no Estado é de apenas 0,41 t/ha, o que é muito inferior ao seu potencial. Por conseguinte, para melhorar a situação dos agricultores em geral e dos agricultores tribais em particular, é importante aumentar a produtividade de forma sustentável, uma vez que existem várias limitações tecnológicas para o fazer.

Atualmente, existem muitos investigadores e tecnologia gerada sobre a cultura da grama preta na Agricultural Vishwavidyalaya e nas estações de investigação, mas a produtividade da grama preta continua a ser muito baixa devido à fraca transferência de tecnologia do local de desenvolvimento para os pontos de utilização. É incrível constatar que, mesmo com todos os avanços tecnológicos, se verificou uma lacuna tecnológica de 60% nas zonas tribais. Por conseguinte, com vista a desenvolver uma estratégia de extensão para aumentar a produção de grama preta por unidade de área, foi realizado o presente estudo intitulado "Avaliação da lacuna tecnológica na produção de grama preta entre os agricultores tribais do distrito de Jashpur (Chhattisgarh)", com os seguintes objectivos específicos

1. Estudar o perfil socioeconómico dos agricultores tribais produtores de grama preta,
2. Medir o nível de conhecimentos dos agricultores tribais sobre as práticas de cultivo da grama preta,
3. Estudar a extensão da lacuna tecnológica na adoção das práticas recomendadas para o cultivo da grama preta,
4. Identificar os constrangimentos enfrentados pelos agricultores tribais e obter as suas sugestões para ultrapassar os constrangimentos no cultivo da grama preta.

O estudo foi efectuado durante o ano de 2013-14 no distrito de Jashpur, no estado de Chhattisgarh. O Chhattisgarh é constituído por 27 distritos, dos quais o distrito de Jashpur foi selecionado devido à subprodução de grama-preta, que ocupa a 1.ªposição e a 3.ªposição na área de cultivo do Chhattisgarh. De um total de 8 blocos no distrito, apenas três blocos foram selecionados propositadamente devido à área máxima de cultivo de black gram. Foram selecionadas aleatoriamente quatro aldeias de cada bloco selecionado, o que perfaz um total de 12 aldeias na amostra. Em cada aldeia selecionada, foram escolhidos aleatoriamente dez agricultores tribais produtores de grama preta. Assim, o total de 120 produtores de grama preta (10X12=120) foi considerado como inquirido para este estudo.

Os dados foram recolhidos pessoalmente através de um programa de entrevistas pré-testado. Os dados recolhidos foram tabulados e processados utilizando ferramentas e métodos estatísticos adequados. As principais conclusões do estudo estão resumidas nos seguintes subtítulos

Perfil socioeconómico dos inquiridos

O estudo revelou que a maioria (65,83%) dos inquiridos pertencia ao grupo de meia-idade (entre 36 e 55 anos), cerca de 56% dos produtores de grama preta selecionados tinham um nível de escolaridade primário a médio, 64,17% dos inquiridos tinham uma família de tamanho médio (5 a 8 membros), e 1% dos inquiridos tinham participado no gram panchayat como membro e como responsável. A maioria (92,50%) dos inquiridos participou em discussões com os agentes de extensão, cerca de 44% dos inquiridos tinham uma experiência agrícola média (11 a 20 anos), a maioria (96,66%) dos inquiridos estava envolvida na agricultura como ocupação principal. Cerca de 56% dos inquiridos eram pequenos proprietários de terras (1,1 a 2 ha), os inquiridos selecionados ocupavam um total de 286,23 ha de terra, dos quais 51,91% da área se enquadra em **Alfisols** (chawar), dos 286,23 ha de área, apenas 36,64 ha (12,80%) foram irrigados na época da colheita, dos quais 34,62 ha (12,10%) também foram irrigados na época de rabi, mas a disponibilidade de irrigação é principalmente restrita a **Alfisols e Vertisols**. A maioria (61,66%) dos inquiridos dispunha de instalações de irrigação e 38,33% não dispunham de instalações de irrigação. Cerca de 86% dos inquiridos obtinham rendimentos de outras actividades laborais (como trabalho na construção de estradas, construção de casas, etc.). 84,16% dos inquiridos recebiam rendimentos anuais do trabalho agrícola (como semear, transplantar, colher, etc.). Cerca de 56% dos inquiridos tinham criação de animais, dos quais apenas 8% recebiam rendimentos. Cerca de 37% dos inquiridos dedicavam-se a outras fontes, como os PFNL, mas a maioria deles (73%) obtinha rendimentos apenas até 1600 rupias e 12% dos inquiridos obtinham rendimentos anuais superiores a 1600 rupias com estas fontes.

Apenas 7,50% dos inquiridos obtiveram rendimentos do trabalho e apenas cerca de 7% dos inquiridos obtiveram rendimentos de negócios. No que se refere ao rendimento anual global de todas as fontes, 45,83% dos inquiridos obtiveram um rendimento anual até 50 000 rupias. A maioria (87,50%) dos inquiridos obteve crédito e apenas 12,50% não obtiveram crédito. 52,38% dos inquiridos obtiveram crédito da sociedade cooperativa, a maioria (96,19%) dos inquiridos contraiu um empréstimo a curto prazo, 52,32% dos inquiridos receberam crédito indireto (como sementes, fertilizantes, etc.), cerca de 46% dos inquiridos utilizaram o seu crédito para comprar fertilizantes. Estas fontes de irrigação não eram utilizadas em grande escala, sendo maioritariamente utilizadas para a agricultura de quintal.

A maioria (98,33%) dos inquiridos obteve informações sobre o cultivo da grama preta através de amigos e vizinhos, os cientistas agrícolas e a formação foram fontes de informação totalmente credíveis para os inquiridos. Cerca de 63% dos inquiridos contactavam frequentemente com os responsáveis pela extensão rural (RAEO). No que diz respeito ao contacto ocasional com o pessoal da extensão, o máximo (73,34%) dos inquiridos contactou com o oficial superior de desenvolvimento agrícola (SADO). Cerca de 97% dos inquiridos nunca foram contactados por cientistas agrícolas.

Cerca de 75% dos inquiridos tinham um nível médio (23 a 29 pontos) de orientação científica e o máximo de inquiridos tinha um nível médio (19 a 23 pontos) de orientação para o risco.

Os inquiridos tinham mais conhecimentos (99,58%) sobre a época de sementeira da grama preta. Também foram registados bons níveis de conhecimento sobre a preparação da terra (92,92%). Verificou-se que a maior lacuna de conhecimentos existe no controlo de doenças (100%), seguida da variedade melhorada (85,00%).

Adoção de gramíneas negras de acordo com as **práticas:-** no que diz respeito à adequação da terra, a maioria (70,83%) dos inquiridos utilizou **Entisols** (solo Goda-tikra), a maioria (59,17%) dos inquiridos adoptou 2 a 3 lavouras; a maioria (69.17%) dos inquiridos completaram a sementeira de grama preta entre 15 de julho e 15 de agosto, a maioria (82,50%) dos inquiridos utilizou 15,1 a 30 kg/ha. taxa de sementes, a maioria (80,33%) dos inquiridos utilizou variedades deshi (desconhecidas/locais), a maioria (80.00%) dos inquiridos não utilizaram tratamentos de sementes, a maioria (67,50%) dos inquiridos utilizou o método de difusão. A maioria (48,33%) dos inquiridos utilizou até 800 kg/ha de estrume, a maioria (85,83%) dos inquiridos não utilizou fertilizantes azotados, cerca de 72% dos inquiridos não utilizaram fertilizantes de fósforo, o máximo (96,67%) dos inquiridos não utilizou potássio. A maioria (90,00%) dos inquiridos não adoptou qualquer medida de controlo de ervas daninhas, a maioria (91,67%) dos inquiridos não adoptou qualquer medida de controlo de insectos e nenhum inquirido utilizou qualquer método de controlo de doenças na cultura da grama preta. Cerca de 65% dos inquiridos adoptaram a secagem das sementes antes do armazenamento, enquanto os restantes 35% armazenaram as sementes diretamente.

Adoção de tecnologias e lacunas

A adoção mais elevada verificou-se na altura da sementeira (97,50%), seguida da preparação da terra (83,33%) e do armazenamento (76,25%). Foram registadas lacunas tecnológicas totais no controlo de doenças e na gestão da irrigação. Também se verificaram grandes lacunas na adoção do controlo de ervas daninhas (96,25%).

Análise de correlação

O coeficiente de correlação foi encontrado através da análise dos dados com a ajuda de um computador. A participação na extensão, a propriedade fundiária, o rendimento anual, a aquisição de crédito, a fonte de informação, o contacto com o pessoal da extensão e o nível de conhecimento da tecnologia de produção recomendada para a grama preta correlacionaram-se significativamente de forma negativa com a diferença tecnológica na produção da tecnologia de produção da grama preta ao nível de probabilidade de 0,01, sendo que apenas a ocupação se correlacionou significativamente de forma positiva com a diferença tecnológica. Isto significa que o fosso tecnológico na adoção da tecnologia de produção recomendada para a grama preta diminui com o aumento da participação na extensão, da propriedade fundiária, do rendimento anual, da aquisição de crédito, da fonte de informação, do contacto com o pessoal da extensão e do nível de conhecimento da tecnologia de produção recomendada para a grama preta. A idade, a educação, a dimensão da família, a participação social, a experiência agrícola, a facilidade de irrigação, a orientação científica e a orientação para o risco não se correlacionaram de forma significativa com a lacuna tecnológica na adoção da tecnologia de produção recomendada para a grama preta

Análise de regressão múltipla

Das dezasseis variáveis em estudo, duas variáveis, nomeadamente o contacto com o pessoal da extensão e o nível de conhecimentos, contribuíram significativamente para o fosso tecnológico a 0,01%. A idade, a educação, o tamanho da família, a participação social, a participação na extensão, a experiência agrícola, a ocupação, a propriedade da terra, o rendimento anual, a aquisição de crédito, a facilidade de irrigação, a fonte de informação, a orientação científica e a orientação para o risco não contribuíram significativamente para a lacuna tecnológica na adoção da tecnologia de produção recomendada para a grama preta.

Constrangimentos enfrentados pelos produtores tribais de grama preta na adoção das práticas recomendadas de cultivo de grama preta

Cerca de 66% dos inquiridos enfrentaram problemas de falta de conhecimentos sobre a variedade melhorada, seguidos de 40,83% dos inquiridos que enfrentaram problemas de falta de conhecimentos sobre estrume e fertilizantes e a sua quantidade exacta para aplicação e falta de conhecimentos sobre pesticidas e a sua quantidade exacta e tempo de aplicação, 28,33% dos inquiridos enfrentaram problemas de indisponibilidade da variedade melhorada no momento adequado, 25.00 por cento dos inquiridos enfrentaram problemas de irrigação, 22,50 por cento dos inquiridos enfrentaram problemas de falta de conhecimentos sobre a tecnologia de produção recomendada para a grama preta, 21,67 por cento dos inquiridos enfrentaram problemas de mão de obra, 8,33 por cento dos inquiridos enfrentaram problemas de indisponibilidade de cultura **de Rhizobium** no momento adequado, e apenas cerca de 7 por cento dos inquiridos enfrentaram problemas de indisponibilidade de fertilizantes e pesticidas no momento adequado.

Sugestões para superar os constrangimentos na adoção da tecnologia de produção recomendada para a grama preta

Foram obtidas respostas múltiplas para determinar a sugestão dos agricultores tribais quanto à adoção da tecnologia de produção recomendada para a grama preta. Cerca de 66% dos inquiridos sugeriram que lhes fosse fornecido conhecimento sobre a variedade melhorada, seguidos de cerca de 41% dos inquiridos que sugeriram que lhes fosse fornecido conhecimento sobre estrume e fertilizante e a sua quantidade exacta e tempo de aplicação e que lhes fosse fornecido conhecimento sobre pesticidas e a sua quantidade exacta de aplicação, 28,33% dos inquiridos sugeriram que lhes fosse fornecida uma variedade melhorada no momento adequado, 25.00 por cento dos inquiridos sugeriram a disponibilização de instalações de irrigação, 22,50 por cento dos inquiridos sugeriram a disponibilização de conhecimentos sobre a tecnologia de produção recomendada para a grama preta, 8,33 por cento dos inquiridos sugeriram a disponibilização de culturas **de Rhizobium** na altura certa, e apenas 7 por cento dos inquiridos sugeriram a disponibilização de fertilizantes e pesticidas na altura certa.

Conclusão

A partir dos resultados acima referidos, pode concluir-se que o conhecimento geral dos inquiridos sobre a tecnologia de produção recomendada para a grama preta foi de 48% e que a lacuna de conhecimentos foi de 52,00%. Por conseguinte, devem ser envidados esforços de extensão para aumentar o nível de conhecimento dos produtores de abrunheiro sobre a tecnologia de produção recomendada para a abrunheira.

No que diz respeito à adoção geral da tecnologia de produção recomendada para a grama preta, registou-se 39,90% e a lacuna tecnológica em relação à tecnologia de produção recomendada para a grama preta foi registada em 60,10%. Assim, há uma necessidade urgente de aumentar a adoção da tecnologia de produção recomendada para a grama preta, através da utilização adequada de fontes de informação, contactos de extensão, exposições, kisan mela e programas de formação em diferentes aspectos das culturas de grama preta por parte das agências competentes.

A partir dos resultados da análise de correlação e de regressão múltipla, pode concluir-se que, para aumentar o nível de conhecimentos e de adoção pelos produtores de grama preta no que respeita à tecnologia de produção de grama preta, é necessário diminuir o fosso tecnológico.

A maioria dos inquiridos tinha um baixo nível de educação, pelo que é urgente melhorar o seu nível de educação e de conhecimentos através de educação e formação, competências, demonstrações, visitas de estudo e orientação técnica adequada. As demonstrações de competências sobre a utilização de várias práticas da cultura da grama preta podem, por conseguinte, ser úteis para convencer e mudar a atitude dos produtores de grama preta e diminuir o fosso tecnológico na tecnologia de produção recomendada para a grama preta.

Sugestões para futuros trabalhos de investigação:

Com base nos resultados obtidos com o estudo e na experiência adquirida após a conclusão do inquérito, sugere-se que

1. Dado que o número de variáveis independentes foi limitado no presente trabalho de investigação, pode ser planeado um estudo futuro com mais e diferentes variáveis independentes para conhecer a sua contribuição para a lacuna tecnológica na tecnologia de produção recomendada para a grama preta.
2. O estudo limitou-se a apenas 12 aldeias e três quarteirões do distrito de Jashpur, no estado de Chhattisgarh. Por conseguinte, pode ser efectuado um estudo pormenorizado que abranja mais quarteirões e distritos, a fim de generalizar as recomendações para todo o Estado de Chhattisgarh.
3. O estudo revelou que a maioria dos inquiridos não tinha qualquer contacto com os SMS e os cientistas agrícolas, o que se reflectiu na análise de correlação que mostrou uma relação significativa com a lacuna tecnológica. Assim, pode ser efectuado um estudo pormenorizado centrado nos constrangimentos enfrentados pelos SMS e pelos cientistas agrícolas para entrarem em contacto com os produtores de grama preta e vice-versa, a fim de identificar as causas e sugerir medidas corretivas.
4. O papel das fontes de informação na lacuna tecnológica dos produtores de grama preta pode ser investigado em pormenor, a fim de apresentar sugestões fiáveis para todo o Estado.

Referências

Anónimo, 2006-2007. FAOSTAT. www.fao.org.

Anónimo, 2007-2011. Relatório de Produção e Produtividade. Departamento de Agricultura de Chhattisgarh. www.agridept.cg.gov.in/agriculture.

Anónimo, 2010-11. Relatório anual. www.agricoop.in.

Anónimo, AGRISNET. www.agrisnet.in.

Badhala, B.S. e Bareth, L.S. 2013. Constrangimentos da Tecnologia de Produção de Mothbean na Região Árida de Rajasthan. Atualização Agrícola 8(1&2):93- 97.

Bhilawade, D.S., Lolgane, B.T. e Khogare, 2012. Communication Sources Used By Farmers for Market Information (Fontes de comunicação usadas pelos agricultores para obter informações sobre o mercado). Atualização Agrícola 7(3&4):225- 228.

Burman, R., Singh, S.K. e Singh, A.K. 2010. Gap in Adoption of Improved Pulse Production Technologies in Uttar Pradesh [Lacuna na adoção de tecnologias melhoradas de produção de leguminosas em Uttar Pradesh]. Indian Research Journal of Extension Education 10(1): 99104.

Chaudhary, R.P., Singh, A. K. e Prjapati, M. 2008. Technological Gap in Rice Wheat Production System (Lacuna Tecnológica no Sistema de Produção de Arroz e Trigo). Indian Research Journal of Extension

Education 8(1):39-41.
Coharan e Cox, 1957. Experimental design. Segunda edição.
Deshmukh, A.N. e Deshmukh, S.J. 2013. Constraints in Production and Marketing of Soybean. Atualização Agrícola 8(1&2):64-66.
English, H.B. e English, A.C. 1961. A Comprehensive Dictionary of Psychological and Psycholonalytical Terms. Longmans Green and Co., Nova Iorque.
Goudappa, S.B., Biradar G.S. e Bairathi R. 2012. Lacuna tecnológica no cultivo de pimentão percebida pelos agricultores. Rajasthan Journal of Extension Education 20:171-174.
Islam, M., Mohanty, A.K. e Kumar, S. 2011. Correlação entre o rendimento do crescimento e a adoção de tecnologias para o feijão-urd. Indian Research Journal of Extension Education 11(2):20-24.
Jangid, M.K., Lal, H., Jhajharia, A.K., Sharma, B.K. e Kumari, S. 2010. Association between Independent Variables and Training Needs of Farmers about Improved Pea Production Technology (Associação entre Variáveis Independentes e Necessidades de Formação dos Agricultores sobre Tecnologia de Produção de Ervilhas Melhorada). Rajasthan Journal of Extension Education 17&18:140-143.
Khuspe, S.B. e Kadam, R.P. 2012. Lacuna de adoção nas práticas de produção recomendadas de grão-de-bico. Atualização Agrícola 7(3&4): 301-303.
Kumar, A. e Rathod, M.K. 2013. Comportamento de adoção dos agricultores sobre a tecnologia recomendada de soja. Atualização Agrícola 8(1&2): 134-137.
Kumar, P., Peshin R., Nain, M.S. e Manhas, J.S. 2010. Constraints in Pulses Cultivation as Perceived by the Farmers. Rajasthan Journal of Extension Education 17&18:33-36.
Kumar, S. 2009. A Study on Technological Gap in Adoption of the Improved Cultivation Practices by the Soybean Growers (Um estudo sobre a lacuna tecnológica na adoção de práticas de cultivo melhoradas pelos produtores de soja). Tese de Mestrado (Ag.), UAS Dharwad.
Kumar, S., Singh, R. e Singh, A. 2014. Avaliação de lacunas na produção de pulso no distrito de Hamirpur de Himanchal Pradesh. Jornal de Pesquisa Indiano de Educação de Extensão 14(2): 20-24.
Lanjewar, O.Y. 2009. Atitude dos agricultores em relação à adoção da tecnologia de produção de couve recomendada, com referência ao uso do sistema de irrigação por gotejamento no distrito de Durg e Raipur de Chhattisgarh. Tese de Mestrado (Ag.), IGKV, Raipur (C.G.).
Limje, S. 2000. A Study on Adoption of Recommended Soybean Production Technology among the Farmers of Rajnandgaon District of M.P., M.Sc.(Ag.) Thesis, IGKV, Raipur (M.P.).
Meena, N.R., Sisodia, S.S., Dangi, K.L., Jain, H.K. e Chakravarti, 2011. Adoção de práticas melhoradas de cultivo de feijão em cacho pelos agricultores. Rajasthan Journal of Extension Education 19:101-103.
Moulik, T.K. 1968. A Study of the Predictive Values of Some Factors of Adoption of Nitrogenous Fertilizers and the Influence of Sources of Information and Adoption Behaviour, Ph.D. Thesis, Division of Agricultural Extension, I.A.R.I., New Delhi.
Mukim, G.K. 2004. A Study on Adoption of Recommended Sunflower Production Technology among the Farmers of Rajnandgaon District of Chhattisgarh. Tese de Mestrado (Ag.), IGKV, Raipur (C.G.).
Naruka P.S., Henry C., Pachauri C.P., Sarangdevot S.S. e Kumar, S. 2010. Relação entre Lacunas Tecnológicas na Tecnologia de Produção de Soja Recomendada e as Variáveis Independentes Selecionadas. Rajasthan Journal of Extension Education 17&18:136-139.
Patel, M.K. 2008. A Study on Technological Gap in Recommended Soybean Production Technology among the Farmers of Kabirdham District of Chhattisgarh State. Tese de Mestrado (Ag.), IGKV, Raipur (C.G.).
Rajni, T. 2006. Impacto da formação em produção e processamento de cogumelos em mulheres agricultoras organizada na Indira Gandhi Agricultural University, Raipur, (C.G.). Tese de Mestrado (Ag.), IGKV. Raipur (C.G.).
Rajput, V.S. 2001. Produtividade dos recursos e limitações da soja nos distritos de Vidisha e Madhya Pradesh. Tese de Mestrado (Ag.), JNKVV. Jabalpur (M.P.).
Rogers, E. M. (1983). Diffusion of innovations (3ª ed.). Nova Iorque: Free Press.
Rogers, E. M. (1995). Diffusion of innovations (4ª ed.). Nova Iorque: Free Press.
Sahu, S. 2013. Um Estudo sobre o Impacto da Tecnologia de Irrigação por Gotejamento na Produtividade e

Rendimento dos Produtores de Tomate do Distrito de Durg do Estado de Chhattisgarh. Tese de Mestrado (Ag.), IGKV Raipur.

Sarma, H., Sarma, R., Sarmah, A.K., Upamanya, G.K. e Kalita, N. 2014. Análise da lacuna de rendimento de Toria (Brassica campestris) no distrito de Barpeta de Assam. Revista de Pesquisa Indiana de Educação de Extensão, 14(2): 127-129.

Saxena, B. 2003. Study on Knowledge and Adoption Level of Tomato Production Technology among the Farmers of Jashpur District in Chhattisgarh. Tese de Mestrado (Ag.), IGKV Raipur (C.G.)

Shakhya, M.S., Patel, M.M. e Singh, V.B. 2008. Knowledge Level of Chickpea Growers about Chickpea Production Technology (Nível de conhecimento dos produtores de grão-de-bico sobre a tecnologia de produção de grão-de-bico). Indian Research Journal of Extension Education 8(2&3): 65-68.

Singh, B. 2011. Factores que influenciam a adoção da tecnologia de produção de feijão mungo na zona árida do Rajastão. Rajasthan Journal of Extension Education 19:173-177.

Singh, B. e Chauhan, T.R. 2010. Adoção da tecnologia de produção de feijão-mungo na zona árida do Rajastão. Indian Research Journal Extension of Education 10(2): 73-77.

Singh, H.P., Singh, H.R.K., Gupta, B.S., Chundawat, G.S., Singh, D. e Tripathi, S.P. 2013. Analisando a lacuna de rendimento e economia de Black Gram através de demonstrações de linha de frente no distrito de Mandsaur de Madhya Pradesh. Atualização da Agricultura 8(3):492-495.

Singh, I., Singh, K.K. e Gautam, U.S. 2012. Constrangimentos na adoção de tecnologia de produção de soja. Edição especial do Indian Research Journal of Extension Education (Vol. II): 169171.

Singh, P., Jat, H.L. e Lakhera, J.P. 2012. Constrangimentos na Adoção da Tecnologia de Produção de Mothbean na Zona Árida de Rajasthan. Edição especial do Indian Research Journal of Extension Education (Vol. II): 76-80.

Singh, P., Lakhera, J. P., e Chandra, S. 2012. Conhecimento e Adoção da Tecnologia de Produção de Mothbean na Zona Ocidental de Rajasthan. Rajasthan Journal of Extension Education 20:3538.

Singh, S.N., Singh, V.K., Singh R.K. e Singh, R.K. 2007. Adoption Constraints of Pigeonpea Cultivation in Lucknow District of Central Uttar Pradesh [Restrições à Adoção da Cultura do Feijão-Porco no Distrito de Lucknow do Centro do Uttar Pradesh]. Indian Research Journal of Extension Education 7(1):34-35.

Singh, S.R.K., Mishra, A., Gautam, U.S., Dwivedi, A.P. e Premchand, 2014. Scouting Technological Vi-A Vis Extension Gaps in Soybean Production in Madhya Pradesh. Indian Research Journal of Extension Education 14(2): 41-45.

Supe, S. V. 1975. Livro de Projeto - Métodos de Ensino de Extensão, Departamento de Extensão Agrícola, P.K.V., Akola.

Supe, S.V. 1969. Measurement of Rationality Farmers Decision Making. Tese de doutoramento, Divisão de Extensão Agrícola, Instituto Indiano de Investigação Agrícola, Nova Deli.

Swain, S.K. e Sangramsingh, S.P. 2009. Impact of Socio-Economic Variables on Technology Adoption Behaviour of Small Farmers in Coastal Orissa (Impacto das variáveis socioeconómicas no comportamento de adoção de tecnologia dos pequenos agricultores em Orissa costeira). Journal of Extension Education 1&2:85-89.

Thanh, N.C. e Singh, B. 2006. Constraints Faced by the Farmers in Rice Production and Export (Constrangimentos enfrentados pelos agricultores na produção e exportação de arroz). Omon Rice 1497:110.

Tiwari, S.G., Saxena, K.K., Khare, N.K. e Khan, A.R. 2007. Factores associados à adoção de práticas recomendadas para a ervilha. Indian Research Journal of Extension Education 7(2&3):60- 61.

Tomar, I.S., Garg, S.K., Yadav, R.K. e Morya, J. 2012. Lacuna de comunicação na tecnologia de produção de grão-de-bico Os produtores de grão-de-bico. Edição especial do Indian Research Journal of Extension Education (Vol. II): 81-83.

Printed by Books on Demand GmbH, Norderstedt / Germany